HANNO RAUTERBERG

WORAUF WIR BAUEN

BEGEGNUNGEN MIT ARCHITEKTEN

HANNO RAUTERBERG

WORAUF WIR BAUEN

BEGEGNUNGEN MIT ARCHITEKTEN

PRESTEL
München · Berlin · London · New York

Umschlagvorderseite: Norman Foster (Foto: Katsumasa Tanaka);
Daniel Libeskind (Foto: Marc Lostracco)
Umschlagrückseite: Thermalbad, Vals, Schweiz (Foto: Christian Richters)

Prestel Verlag
Königinstraße 9
80539 München
Tel. +49 (0)89 24 29 08-300
Fax +49 (0)89 24 29 08-335

www.prestel.de

Die Deutsche Nationalbibliothek verzeichnet diese Publikation
in der Deutschen Nationalbibliografie; detaillierte bibliografische
Daten sind im Internet über http://dnb.ddb.de abrufbar.

Lektorat: Curt Holtz
Bildredaktion: Veronika Wilhelm
Gestaltung: LIQUID Agentur für Gestaltung, Augsburg
Layout: Stephan Riedlberger, München
Herstellung: Simone Zeeb, Astrid Wedemeyer
Lithografie: kaltnermedia, Bobingen
Druck und Bindung: Neografia, Bratislava

Gedruckt auf chlorfrei gebleichtem Papier

ISBN 978-3-7913-4014-2

INHALT

WAHRZEICHEN DER DIGITALEN MODERNE

WARUM DIE ARCHITEKTUR NIE POPULÄRER WAR ALS HEUTE

Nichts war ihnen hoch, nichts kühn genug. Das Mittelmeer wollten sie trockenlegen, um Europa und Afrika endlich zu vereinen. Fliegende Städte wollten sie bauen und den Mars mit Reihenhäusern beglücken. Sie glaubten an die Macht der Utopie, daran, dass ihre Architektur die Welt verändern könnte. Sie träumten von heroischen Kristalltürmen, kuriosen Muschel- und Pilzhäusern, blütenbunten Ufos, sie träumten vom »gemeinsamen Bau der Zukunft«, von einer gerechten, guten Gesellschaft.

Längst ist dieser Zukunftstraum ausgeträumt. Fast nichts ist geblieben vom Idealismus der frühen Moderne, von der Verwegenheit, mit der Architekten wie Wassili Luckhardt, Hans Scharoun oder Bruno Taut vor bald hundert Jahren eine neue Welt entwarfen. Es gibt keine Avantgarde mehr, die es wagen würde, sich eine Alternative zum herrschenden Kapitalismus auszumalen. Niemand käme auf die Idee, eine Revolution auszurufen. Und doch, zur allgemeinen Verblüffung ist soviel Umbruch, Umwälzung, Umsturz in der Welt der Architektur, wie kaum je zuvor. Die Kristalltürme, Muschelhäuser und Ufos, von denen die Visionäre einst nur schwärmen konnten, werden heute tatsächlich gebaut. Auch wenn die Trockenlegung des Mittelmeers vermutlich noch etwas auf sich warten lässt – an Kühnheit sind die vielen spektakulären Museen, Fußballstadien, Opernhäuser und Bürotürme der letzten Jahre nicht zu überbieten. Manche sind mit so viel Schwung gebaut, als wollten sie im nächsten Moment abheben in höhere Sphären. Andere zeigen sich rauflustig oder verknittert, sind von schillernder Eleganz oder still-erhabener Größe. Und alle feiern sie sich selbst, ihre stolze Andersartigkeit. Es ist, als hätte die Avantgarde doch noch gesiegt!

Nichts anderes wollten ja die frühen Visionäre: die Massen mobilisieren, das Volk gewinnen. Nun scheint ihre Hoffnung aufzugehen, die Menschen strömen herbei und begeistern sich für die neuen Wunderbauten. Die Architektur ist zur großen Verlockung geworden. In Mode- und Lifestylemagazinen, in der Werbung, in Videoclips, überall tauchen die funkelnden Ikonen auf. Und groß ist das Verlangen, sie einmal unmittelbar in Augenschein zu nehmen. Viele Menschen machen sich auf den Weg, reisen selbst in entlegene Winkel wie Wolfsburg oder Vals, nur um sagen zu können: Ich war bei Hadid, ich war bei Zumthor.

Auch früher schon gab es berühmte Architekten, deren Ideen derart begehrt waren, dass sie nicht nur in einer einzelnen Stadt, einer begrenzten Region bauten. Auch fern ihrer Heimat planten sie Gebäude, die man heute wohl »Signature Buildings« nennen würde, gebaute Markenzeichen. Man denke nur an das Mittelalter, als französische, toskanische oder hanseatische Baumeister die schönsten Kathedralen planten und ganzen Landstrichen ihren Stil verpassten. Im frühen

Jacques Herzog & Pierre de Meuron, Nationalstadion, Peking, 2008

20. Jahrhundert waren es dann Architekten wie Le Corbusier, Mies van der Rohe oder Frank Lloyd Wright, die den Globus umreisten und kräftig dabei halfen, den International Style zu prägen. Doch erst in den 1980er Jahren wurde der Architekt zum wahren Helden erkoren, er wurde zum Star.

Das Wort »Stararchitekt« durchzieht seither die Illustrierten und Zeitungen, was recht erstaunlich ist. Niemand käme auf die Idee, Madonna eine Star-Musikerin zu nennen oder Brad Pitt einen Star-Schauspieler. Sie sind Stars, deswegen muss man sie nicht als Stars ausweisen. Einem Architekten hingegen scheint man Popularität nicht recht zuzutrauen. Deshalb etikettiert man ihn vorsichtshalber zum Star, damit auch jeder versteht, wie berühmt, wie bedeutend er ist – auch wenn man in den Vorzimmern von Gehry, Libeskind oder Koolhaas doch nur eher selten auf kreischende Groupies trifft. Tatsächlich dürften selbst die Bekanntheitswerte dieser Weltarchitekten deutlich unter denen von Madonna oder Brad Pitt liegen, was nicht zuletzt daran liegt, dass Architekten keine DVDs, CDs oder Romane produzieren und auch sonst keine Produkte, die sich im Laden um die Ecke oder im Internet erwerben ließen.

Das aber macht diese Architekten nur umso begehrter, vor allem bei denen, die es sich leisten können, mit ihnen zu bauen. Es ist wie bei Künstlern, deren Werke sich ebenfalls nicht beliebig vervielfältigen lassen und die deshalb auf den Auktionen mitunter Millionensummen erzielen. Nun gibt es zwar einige hunderttausend Architekten auf der Welt, und theoretisch könnten nicht wenige von ihnen jene Museen, Opern oder Flughäfen bauen. Am Ende werden sie aber zumeist doch von den schier unvermeidlichen »Stars« errichtet. Denn wer sie engagiert, der erwirbt nicht nur einen Entwurf, sondern auch die Hoffnung auf globale Bedeutsamkeit, ein Versprechen auf Exklusivität. Denn exklusiv ist diese Gruppe der international bekannten Architekten tatsächlich, es ist eine überschaubare Gruppe, viel mehr als zwei bis drei Dutzend Büros gehören nicht dazu. Die allermeisten von ihnen sind Männer, die allermeisten stammen aus dem Westen, vorwiegend aus Europa. Und die allermeisten führen ein Leben im Flugzeug. Sie sind unterwegs von Peking nach Dubai nach Mexico City, und wer sie treffen, wer sich mit ihnen unterhalten will, der braucht entweder viel Geld oder viel Geduld oder beides.

Bis ich manche von ihnen für ein Interview im Feuilleton der ZEIT gewinnen konnte, vergingen oft Monate, manchmal dauerte es länger als ein Jahr. Für einige war es sichtlich ungewohnt, sich einzulassen auf ein intensives Gespräch, sich zurückzulehnen und nachzudenken über das, was sie eigentlich tun – in welcher Hoffnung sie es tun und mit welcher Überzeugung, kurzum: worauf sie eigentlich bauen.

Snøhetta, Neues Opernhaus Oslo, 2008

Frank Gehry, Guggenheim Museum, Bilbao, 1997

Was macht ihre Entwürfe aus? Gibt es sie noch, die Avantgarde? Und kann sie mit ihrer Architektur die Welt verändern? Das sind die großen Fragen, die in vielen dieser Interviews wiederkehren. Immer geht es darum, was ihre Bauwerke bewirken: Sind sie bloß große Skulpturen, nur etwas für die gut Gebildeten? Oder gelingt tatsächlich das, wovon die Visionäre zu Beginn des Jahrhunderts schwärmten: Kann die Architektur viele Menschen erreichen, Städte neu beleben, gar zu einem Symbol des Wandels werden?

Manchmal ist sie das tatsächlich, in Bilbao zum Beispiel, jener kleinen, heruntergekommenen Stadt in Spaniens Norden, in der Ende der neunziger Jahre der Boom der spektakulären Bauten ihren Anfang nahm. Natürlich hatte die Moderne auch vorher schon Bauten hervorgebracht, die ungemein beliebt waren und sich medial bestens vermitteln ließen. Oscar Niemeyer stellte seine dynamischen Kraftkörper in die brasilianische Landschaft, in Sydney wurde die Oper von Jørn Utzon zum Markenzeichen eines ganzen Kontinents, in Deutschland konnten Günter Behnisch und Frei Otto mit ihrer sanftmütig-verspielten Ästhetik des Olympiaparks viele Menschen begeistern. Doch erst mit dem silbrigen Riesentier, das Frank Gehry für das Guggenheim Museum in Bilbao errichtete, wurde Architektur zum Volkssport und der Architekt zu einer Art Heilsbringer.

Die Stadt Bilbao schien am Ende, alles grau und verwahrlost, die Eisenwerke lagen danieder, die Schiffswerften ebenso. Bilbao war stark, solange die alten Industrien stark waren. Nun aber ging es mit dem Alten zu Ende, viele Fabriken mussten schließen, viele Menschen wurden arbeitslos, und lange sah es so aus, als würden sie nie wieder Arbeit finden. Doch dann entschloss sich die Stadt: Auf die Schwer- sollte die Kulturindustrie folgen. Und zum Symbol der Wende, zum Zeichen des Aufbruchs wurde Gehrys Museumsbau.

Seither ist Bilbao fast ein Mythos. Über zehn Millionen Menschen sind seit der Eröffnung des Museums ins Baskenland gepilgert. Und auch wenn der Zustrom mittlerweile deutlich schwächer ist, kommen doch noch immer viele, die über die großartig-barocke Architektur staunen. Sie staunen aber nicht nur über Gehry, sie staunen ebenso über die Geschichte dieser Stadt, darüber, wie es ihr gelang,

Abu Dhabi mit den zukünftigen Bauten von Frank Gehry, Jean Nouvel, Zaha Hadid und Tadao Ando

sich mit einem neuen Museum und ein paar weiteren Architekturprojekten neu zu beleben, die Wirtschaft anzukurbeln und rund 5000 Menschen Arbeit zu geben. Nicht zuletzt staunen sie auch deshalb, weil sie selbst, allein durch ihre Anwesenheit, durch ihren Besuch in Bilbao, ein Teil dieser Erfolgsgeschichte sind. Seither jedenfalls hoffen viele Städte in vielen Ländern, sie könnten den Erfolg für sich wiederholen. Das Emirat Abu Dhabi am arabischen Golf würde den Bilbao-Effekt sogar gern vervielfachen und plant deshalb nicht nur ein Guggenheim, abermals von Gehry entworfen, sondern auch noch ein Museum von Hadid, eines von Tadao Ando, eines von Jean Nouvel, eines von Norman Foster. Spätestens angesichts solcher Riesenpläne wird klar: Architektur gilt als Motor der Veränderung, sie ist zu einer Verheißung geworden. Auch das erinnert an die zwanziger Jahre.

Gewiss, die Unterschiede zur Avantgarde von einst sind gewaltig. Damals sollten die spektakulären Bauten viel mehr sein als nur eine Form der Wirtschaftsförderung. Sie sollten werben, aber nicht für eine Stadt, nicht für ein Unternehmen, sondern für das Ideal einer neuen Gesellschaft. Daher empfinden manche Kritiker die neuen, aufsehenerregenden Gebäude geradezu als Verrat. Stararchitekt, das ist für sie einer, der nichts als Eitelkeiten produziert, hohle Formen, nichts dahinter. Für so einen zählen nur die Schauwerte, es geht allein ums Image, letztlich um Werbeprospekttauglichkeit – und ob sich ein Gebäude auch für den Zweck eignet, für den es errichtet wird, ist ganz und gar nebensächlich. Der Stararchitekt dreht sich um sich selbst, seine Bauten fügen sich nicht ein ins Gewebe der Stadt, sie bleiben Fremdkörper. Eine autistische Architektur, einzig darauf bedacht, den Ruhm ihres ach so genialen Erfinders zu mehren. Und von wegen Einzigartigkeit: Im Dutzend entwirft der Stararchitekt seine Bizarrerien, und überall auf der Welt, egal wo, stellt er sie in die Gegend. Nicht selten geraten die Kritiker geradezu ins Schäumen.

In vielem haben sie auch keineswegs Unrecht. Es gibt Architekten, die formverliebt und raumverloren vor sich hinplanen, allein ihrem Genie verpflichtet. Doch gibt es sie unter den Stars vermutlich ebenso häufig wie unter den Nicht-Stars. Und oft ist das Klischee eben wirklich nur ein Klischee. Ob Eisenman, Libeskind, Balmond oder Zumthor, sie alle treibt die Lust am Wagnis, die Freude am Einzig- und Andersartigen, auch am Widerspruch. Sie alle aber wissen um ihre begrenzte Macht, ihre Abhängigkeit von potenten Auftraggebern und den Grenzen der Technik, und sie begreifen die Architektur nicht als höhere Form der Egomanie. Im Gegenteil: Nicht das eigene Selbst steht im Mittelpunkt, sondern das Selbst der anderen. Sie hoffen, dass sich möglichst viele Menschen von der Architektur erfassen lassen und sich bereichert fühlen durch die räumliche Erfahrung, die sie ermöglicht, durch ihre Atmosphären, manchmal auch durch ihre Schönheit.

Dies heißt nun nicht, dass die Architekten ganz von sich selbst absehen und sich ausschließlich in den Dienst objektiver Ziele und Funktionen stellen würden. Wenn sie bauen, dann bauen sie immer auch etwas von ihrem Ich hinein. Zwar mögen manche von ihnen, Rem Koolhaas zum Beispiel, vor allem die Logik ihrer Entwürfe preisen und sie als eine Art gebaute Faktenlage präsentieren. In Wahrheit aber haben selbst die öffentlichsten Bauten einen privaten Kern, in allem steckt etwas von der Persönlichkeit des Architekten – auch das wird in den hier versammelten Interviews sehr deutlich. Das mag manchmal Geltungsdrang sein, auch ein gewisser Hang zum Größenwahn, zumindest ein fester Glaube an die eigenen Fähigkeiten gehören wohl dazu, will man zur bauenden Elite gehören. Viel entscheidender aber ist häufig, wie der einzelne Architekt auf die Welt schaut und was er in ihr sucht: Sind es Stille und Geborgenheit wie bei Peter Zumthor? Sind es die unbewussten Abgründe des Individuums wie bei Peter Eisenman? Ist es das innere, das spielende Kind wie bei Frank Gehry oder Günter Behnisch? Sind es die höheren, die ewigen Prinzipien wie bei O.M. Ungers? Oder ist es die Lust

am Vorläufigen, am Regelbruch, an der Neudefinition des Gültigen wie bei Rem Koolhaas?

Nun führt es nicht besonders weit, die Architektur psychologisieren zu wollen. Doch fällt auf, dass die meisten der so genannten Stararchitekten ausgesprochene Nonkonformisten sind. Viele von ihnen gehören zur Generation der 68er, sie wurden groß in einer Zeit des Aufbegehrens, und nicht selten waren ihre Entwürfe so radikal, so weltenthoben, dass sie ihre Häuser nur auf dem Papier bauen konnten und sonst gar nicht. Für Hadid, Libeskind, Koolhaas, Gehry oder Eisenman sah es lange so aus, als würden ihre Vorstellungen von Architektur als schöne Theorien und aufregende Zeichnungen in die Geschichte eingehen, denn jeder potentielle Bauherr wusste: Sich mit ihnen einzulassen, galt als Abenteuer mit unabsehbarem Ausgang. Die meisten hielten die Ideen dieser Architekten ohnehin für abstruse Hirnkonstrukte, philosophisch aufgemantelt mit den modischen Philosophien des ausgehenden 20. Jahrhunderts, hier ein wenig Dekonstruktivismus, dort ein bisschen Poststrukturalismus.

Und ausgerechnet sie, deren Entwürfe schon aus bautechnischen Gründen als gänzlich unrealisierbar galten, ausgerechnet ihnen, den Überfliegern, Hochstaplern, Gefühlsingenieuren, traut man heute zu, die prominenten Gebäude der Gegenwart zu planen. Was sagt da der Kulturpessimist? Sieh an, sagt er, so spektakelsüchtig, so celebrityversessen ist unsere Gesellschaft also geworden, dass sie meint, sich für ungeheure Summen eine Groteske nach der nächsten errichten zu müssen. Die Architektur ist verkommen, hat sich dem globalen Eventbusiness unterworfen.

So kann man das sehen; ebenso gut aber kann man sich wundern, sich sogar darüber freuen, dass die Aufgeschlossenheit größer ist als ehedem, dass weit mehr Menschen bereit sind, sich auf das Verquere, das Unvertraute, das Experimentelle einzulassen. Und wenn es auch kein Sieg der frühen Avantgarde ist, so doch ein Sieg der 68er: Die Gesellschaft ist liberaler, toleranter, auch kunstsinniger geworden. Sie nimmt es hin, wenn etwas nicht der Norm gehorcht, ja, sie kann sich für den Regelbruch sogar begeistern.

So scheint sich der Mensch also tatsächlich verändert zu haben, mit und vielleicht auch durch die Architektur. Natürlich, die Avantgardisten zu Beginn des 20. Jahrhunderts hatten sich das etwas anders vorgestellt. Sie träumten vom Neuen Menschen, befreit vom entfremdeten Dasein, den kapitalistischen Zwängen. Diese große Befreiung wird, wie es aussieht, noch etwas auf sich warten lassen. Im Kleinen jedoch hat sich vieles gelockert, vieles entfesselt – und die Architektur verkörpert diese Lockerung. Der Mensch ist auf eine neue Weise flexibel, ist reisewütiger und ungemein ereignishungrig. Er liebt die Beschleunigung, das Ortlose, er will immer und überall erreichbar sein. Er scheut davor zurück, sich fest zu binden, egal, ob an einen Ehepartner, eine Religion oder einen Verein. Ganz wichtig ist es für ihn, nicht so zu sein wie alle anderen – auch wenn alle anderen genau dasselbe wollen.

Die Welt des neuen Menschen ist kleiner denn je und größer denn je. Kleiner, weil Internet, Billigflieger und überhaupt die Globalisierung alle Entfernungen schrumpfen lassen. Größer, weil die Informationsflut steigt und die Einheits-

Rem Koolhaas, Hauptverwaltung des chinesischen Staatsfernsehens CCTV, Peking, 2008

gesellschaft in viele Teilgruppen zerfällt. Das heißt: Die neue Welt ist übersichtlicher und unübersichtlicher zugleich. Und beides verdankt sich vor allem der Computertechnik, erst sie baut die Distanzen ab und lässt das Wissen explodieren.

Ohne dieses gewandelte Weltbewusstsein vieler Menschen gäbe es den Boom der spektakulären Signalbauten vermutlich nicht. In ihnen manifestieren sich diese Veränderungen, in technischer wie in sozialer Hinsicht. Man könnte sagen, sie sind die Wahrzeichen der digitalen Moderne. Sie sind erst dank der neuen Computerprogramme plan- und baubar geworden. Und sie verdanken ihren Erfolg einer globalisierten Gesellschaft.

Viele Menschen können sich für diese Gesellschaft begeistern, sie genießen ihre Vorteile – und zugleich fühlen sie sich oft ratlos. Sie staunen über die irrwitzigen Innovationen der digitalen Moderne – und vermögen sie nicht zu fassen. Ganz gleich ob Mobiltelefon, Digitalkamera oder Automotor, alles, was vormals mechanisch und nachvollziehbar war, entzieht sich jetzt den Blicken, wird abstrakt, ist nicht länger greifbar. Früher konnte jeder, der wollte, an seinem

Automotor herumschrauben. Heute ist der Motor in großen Teilen ein Computer, der sich nur mit Hilfe anderer Computer reparieren lässt. Auf ähnliche Weise ist im Zeitalter der Mikroprozessoren und Speicherplatten vieles körperlos geworden, existiert nurmehr als Black Box.

Die Architektur hingegen verschwindet nicht, im Gegenteil: Gerade die beliebten skulpturalen Bauten betonen ihre Leiblichkeit. Und so finden in ihnen gleich zwei Bedürfnisse der Gegenwart Unterschlupf, die sich sonst ausschließen. Zum einen befriedigen sie das Verlangen nach Virtualisierung und Fortschritt: Alle großen Bauwerke der Gegenwart werden heute aus dem Geist des Computers geboren, aus der Faszination für das Avancierte. Sie verdanken sich der Simulation, sie gehen an die Grenze dessen, was heute mit Rechnern möglich ist. Ohne deren Hilfe wären bestimmte Formen noch nicht einmal vorstellbar, und unmöglich wäre es, ihre Statik zu berechnen.

Zum anderen kommt in diesen Bauten aber auch das Verlangen nach dem Realen und dem Bleibenden zum Ausdruck: Die Architektur übersetzt die digitale, entsinnlichte Mikro- in eine körperlich erfahrbare Makrowelt. Nirgendwo sonst vermag das Simulierte so eindrücklich Wirklichkeit zu werden – und nicht zuletzt das ist ein Grund für die ungemeine Popularität der Skulpturen-Architektur. Wo die digitale Technik ansonsten stets auf Beschleunigung aus ist, wo sie flüchtig ist und sich am liebsten selbst überholen möchte, wo sogar Speichermedien wie die CD kaum länger als 30 Jahre halten, da gelangt sie in der Baukunst zu einer staunenswerten Form von Ewigkeit. So gesehen profitiert die Architektur keineswegs nur in technischer Hinsicht von der Digitalisierung der Welt. Sie profitiert vor allem dadurch, dass sich mit dem Computer das Bewusstsein von Raum und Zeit verändert hat.

Manche Soziologen meinen sogar, die realen Räume, die realen Städte, wie wir sie bislang kannten, würden in der digitalen Moderne überflüssig werden. In einer Welt voller Datenleitungen und Chatrooms gäbe es keinen Bedarf mehr für so altmodische Dinge wie Straßen und Plätze. Der Mensch werde immer mobiler, da seien ihm die Immobilien der Architektur nur im Wege. Es komme nicht mehr darauf an, wo sich jemand aufhalte, ob in New York oder in Timbuktu, Hauptsache er verfüge über ein Mobiltelefon und einen Internetanschluss. Die Bedeutung des Ortes sei überwunden und damit die Bedeutung des Raumes ebenfalls, lautet die Prognose.

Doch ist das nur ein Teil der Wahrheit. Denn je stärker die Fliehkräfte der Gesellschaft werden, je mehr die Menschen unterwegs sind und je entwurzelter sie sich fühlen, desto stärker wird das Bedürfnis nach Rückkopplung – und mithin auch das Bedürfnis nach Bauten, die das Bedeutsame des einzelnen Ortes überdeutlich markieren und das Moment des Räumlichen kraftvoll erfahrbar machen. Seitdem das Gefühl für den realen Raum abhanden kommt und New York und Timbuktu tatsächlich Nachbarn zu sein scheinen, desto mehr kommt es vielen Menschen vor, als würden sich die einzelnen Städte immer ähnlicher – überall dieselben Boutiquen und Kaufhäuser, überall dieselben auswechselbaren Fassaden. Umso größer wird das Verlangen nach dem Authentischen und Unverwechselbaren. Kurzum: nach einer Architektur, die herausragt aus dem Gleichförmigen.

Sie verkörpert damit gleich auf verschiedene Weise die Globalisierung: Sie verdankt sich global agierenden Architekten und Bauherren, sie zielt auf ein global mobiles Publikum. Zugleich bietet sie eine Art Gegengift zur Globalisierung, weil in ihr vieles von dem, was die digitale Moderne auflöst, zu einer festen Form findet. In dieser Architektur kann sich eine

Gesellschaft wiedererkennen, die das Individuelle zum Fetisch erhebt; nichts ist wichtiger als Distinktion, jeder muss eine unverwechselbare Persönlichkeit haben, das scheint für Menschen genauso wie für Bauten zu gelten. Doch nicht nur der Individualismus symbolisiert sich in der neuen, digitalen Architektur, mindestens ebenso präsent ist der Wunsch nach Übereinkunft, nach geteilter Erfahrung. Denn auch darauf legen es diese Gebäude an: Sie wollen gemeinschaftliche Erfahrung stiften, wollen von allen erkannt, von möglichst vielen Menschen besucht werden. Eine kollektive Identität sollen sie ausprägen, sollen Wahrzeichen sein, die über sich selbst hinausweisen. Am Ende scheinen sich in ihnen Eigensinn und Gemeinsinn auf eine seltene Art gegenseitig zu stärken.

Wer also meint, es handele sich bei diesen Bauten nur um dreidimensionale Abziehbilder, hergestellt für die Ikonen-Sammelalben gehobener Kulturtouristen, verkennt die erstaunliche Dialektik, die den meisten dieser Gebäude eigen ist. Nur deshalb ist die digitale Baumoderne so erfolgreich, weil in ihr viele Gelüste und zugleich viele Ängste der Gegenwart aufgehoben sind. Gewiss, diese Art von Architektur lässt sich nicht zum Prinzip erheben. Wenn jedes kleine Bürohaus, jedes Schwimmbad, jede Fabrik versucht, mit allen Mitteln ein Unikum zu sein, dann wird die Stadt zum Kuriositätenkabinett. Ein Regelbruch kann nur produktiv sein, solange es noch Regeln gibt.

Doch geht es den meisten der so genannten Stararchitekten auch nicht darum, um jeden Preis form- und verhaltensauffällige Bauten zu entwerfen. Oft interessieren sie sich viel weniger für die Formen als solche als dafür, wie die Architektur das Leben anders und besser strukturieren kann, wie sich für eine veränderte Welt veränderte Grundrisse ersinnen lassen. Worauf bauen wir? Das ist eben nicht nur eine technische und eine ästhetische, es ist auch eine gesellschaftliche Frage.

Wie sehr diese Frage viele Architekten umtreibt, lässt sich in diesem Buch nachlesen. Die meisten wollen sich nicht zufriedengeben mit dem Status quo, sie hoffen noch immer, mit ihren Bauten etwas gestalten, entwickeln, prägen zu können. Dabei sind sie weit weniger euphorisch als die Avantgarde von einst, sie gerieren sich nicht länger als Retter. Doch einen idealistischen Glutkern haben sich viele bewahrt. Sie glauben an die Veränderbarkeit der Welt. Nur die Welt selber muss nur noch lernen, auch daran zu glauben.

WORAUF WIR BAUEN
DIE INTERVIEWS

CECIL BALMOND

ERSTAUNLICH, DASS ALLE KULTUREN DER WELT DEM PRINZIP DER ZAHLEN FOLGEN

Ohne ihn wären viele der besten Architekten unserer Zeit ohne Halt. Sie brauchen seinen Rat, seine Ideen, seine Neugier und nicht zuletzt sein Urvertrauen, dass es nichts gibt, was nicht gelöst werden könnte. Ähnlich wie Koolhaas oder Libeskind, mit denen er viele gemeinsame Projekte betreut, ist Cecil Balmond viel unterwegs; und doch lässt er sich nicht anstecken von deren Hektik. Auch als wir uns in seinem Büro in London treffen, ist er die Ruhe selbst. Heiteren Gemüts erzählt er von seinen vielen Leben: 1943 geboren, lebte er lange in Sri Lanka, musste mit seiner Familie schließlich nach Nigeria auswandern, ging dann zum Studium nach England, wurde Ingenieur und bald schon zu einem der führenden Köpfe im Büro von Ove Arup. Doch ist es nicht die Physik allein, die ihn interessiert; auch für Metaphysik hat er viel übrig. Er löst die klassischen Rollen auf, er ist im Dazwischen unterwegs. Dort findet er die Freiheiten, die ihn reizen. Und auch Projekte, die ihn zu neuen Ideen und Konstruktionen führen. Sein Lieblingsprojekt? Er schwärmt von der Weltausstellung in Lissabon, von dem Siza-Pavillon, dem großartigen Dach. Und dann erzählt er begeistert von der Brücke, die er in Portugal kürzlich bauen durfte. Und dass dort niemand wissen wollte, was er denn nun eigentlich sei. Architekt? Ingenieur? Ein freier Geist, das ist er.

Herr Balmond, was ist Ihnen das Liebste an der Architektur?
Das Liebste? Papier, ich liebe Papier. Einen schönen, dicken Stapel davon und einen Bleistift, schon bin ich glücklich. *(Er schnappt sich ein paar Blätter, die auf dem Tisch liegen.)* Sehen Sie, auf so einem Blatt Papier kann ich alles machen, ich kann darauf herumkritzeln, kann etwas entwerfen, komponieren, schreiben, einfach alles.

Auch rechnen?
Warum rechnen?

Muss ein Bauingenieur nicht rechnen?
Na, dann bin ich vermutlich kein Bauingenieur. Ich weiß auch nicht so recht, was ich eigentlich bin. Aber ehrlich gesagt, ich genieße das. Ich muss mich nicht morgens um neun an den Computer setzen, um mir neue Gelenkkonstruktionen oder solche Dinge auszudenken. Ich darf spielen, hier mit meinem Blatt Papier. Ich darf auch auf das hören, was in mir drinnen passiert, ich darf meiner Intuition vertrauen, meinen Gefühlen.

Sie sind ein Gefühls-Ingenieur?
(lacht) Na, so könnte man das sagen. Aber natürlich geht es mir immer um Architektur, nur eben nicht im üblichen Sinne. Sehen Sie, viele Bauingenieure interessieren sich vor allem für Konstruktionen, es ist so eine Art Rekordsucht. Alles soll immer schlanker, höher, leichter, weiter werden, und niemand scheint sich zu fragen, wozu das eigentlich gut sein soll.

Wozu ist es denn gut?
Bis vor 20 Jahren gehörte ich ja auch zu denen, für die technische Kenntnisse ein Selbstzweck sind. Ich glaubte daran, dass sich irgendwann alle Probleme lösen lassen, wenn man nur eifrig genug forscht und entwickelt und immer brav auf dem Pfad des Fortschritts bleibt. Die Physiker zum Beispiel, die meinten, in naher Zukunft würden sie alle Gesetze, alle Schaltpläne der Welt, ja, des Universums verstanden haben. Na, das war ein großer Irrtum.

Inwiefern?
Schauen Sie sich doch an, was heute in der Physik diskutiert wird, Unschärferelationen, Chaos- und Komplexitätstheorien zum Beispiel. Da hat man sich längst von den alten Allmachtsfantasien verabschiedet. Leider ist das bei vielen Ingenieuren noch nicht angekommen, die folgen immer noch der Logik des 19. Jahrhunderts.

An wen denken Sie?
Fast alles an der Hightech-Architektur ist von einem maschinenartigen Aufbau bestimmt, im Wesentlichen ähnelt sie Kränen mit ihren Masten und Kabeln, den Trägern und Auslegerbalken. Für jedes Problem gibt es eine Lösung, das ist die Botschaft dieser Architektur. Sie will eigentlich nur eines: effizient funktionieren.

Was ist daran schlecht? Viele Bauherren würden sich darüber freuen, hätte der Architekt ein wenig mehr an die Funktionalität gedacht.
(lacht) Es sollte nicht durchs Dach regnen, da haben Sie recht. Ich verdamme die Hightech-Architektur auch nicht, ich habe ja selbst an solchen Bauten mitgeplant. Ähnlich kann ich mich auch für einen technischen Minimalismus begeistern, für ein Haus zum Beispiel, wie es sich Philip Johnson in New Canaan gebaut hat, nur Glas und Stahl und sonst nichts, wunderbar leicht und durchlässig. Aber was folgt daraus, wie geht es weiter? Noch mehr solcher Boxen bauen, noch leichter, noch durchlässiger? Ich glaube, das führt in eine Sackgasse. Die Architektur kann so vielfältig sein, sie ist so reich an Möglichkeiten, wir dürfen uns dieses Reichtums nicht berauben.

Aber auch eine funktionalistische Architektur kann doch reich und vielfältig sein.
Da würde ich Ihnen widersprechen. In aller Regel definiert sie einen Zweck und ist stolz darauf, diesem Zweck zu dienen. Mir ist das zu linear gedacht, deshalb arbeite ich wohl lieber mit mehrdeutigen Formen, nonlinear und komplex.

Fußgängerbrücke, Coimbra, 2007

Zum Beispiel?
Zum Beispiel habe ich eine Fußgängerbrücke in Portugal entworfen. Nun könnte man meinen, eine Brücke sei dazu da, möglichst schnell von Punkt A zu Punkt B zu kommen. Und viele Brücken sind auch so gebaut, dass jeder das Gefühl hat, man müsste schnell hinüberhetzen. Dabei kann man auf einer Brücke eigentlich auch viele andere Sachen tun, man kann herumtrödeln, kann Ausschau halten, ein Schwätzchen halten. Deshalb habe ich meine Brücke so gebaut, dass sie funktionalistisch ist, man kommt hinüber, aber langsam, weil sie im Zickzack verläuft. Sie ist nicht eindimensional, sondern vieldimensional. Verstehen Sie, diese Brücke ist eine Einladung, sie für sich selbst zu entdecken.

Und was genau gibt es da zu entdecken?
Das lässt sich natürlich nicht vorhersagen. Schließlich kann man nicht kontrollieren, was dort entsteht, man kann nur mögliche Interpretationen vorschlagen, ihnen Raum geben. Und gerade darum geht es mir: Mich interessiert eine offene Architektur, in der nicht alles bis ins Letzte vorherbestimmt ist, in der es Zonen der Indifferenz gibt, auch der Destabilisierung. Es geht also nicht nur um positive Gefühle, manchmal geht es auch um Bedrängnis und Düsterheit.

Gibt es davon nicht schon genug?
Es geht ja nicht um Verunsicherung als Selbstzweck, es geht darum, eine Form von Anteilnahme zu ermöglichen. Denn entwickeln werden wir uns nur, wenn wir Anteil nehmen, wenn wir uns einlassen auf Ungewohntes und versuchen, uns die Welt anders und neu vorzustellen. Ich weiß natürlich, dass es auch Menschen wie Prince Charles gibt, die für die Ideale der Vergangenheit votieren. Sie wollen, dass alles so bleibt, wie es früher einmal war, nichts soll sich ändern. Doch das ist einfach nur naiv.

Warum? Wenn man sich die Städte und Dörfer des 21. Jahrhunderts anschaut, können einem doch durchaus Zweifel an der Gegenwartsarchitektur kommen.
Ich sage ja nicht, dass wir den Status quo bejubeln und so weitermachen sollten wie bisher. Doch leben wir nicht mehr im 18. Jahrhundert, wir fühlen anders, wir denken anders, unsere Werte sind andere. Da gibt es kein Zurück, verstehen Sie?

Jetzt sind Sie doch ein Anhänger des Fortschrittsdenkens, das Sie eben noch kritisiert haben.
Na ja, das lineare Fortschrittsdenken lehne ich ab, man muss sich von dem Geradeaus verabschieden. Dennoch glaube ich, dass wir uns weiterentwickeln müssen, spiralförmig, netzartig, wie auch immer. So ist das doch mit dem menschlichen Hirn: Wenn man es nicht füttert mit Neuem, dann schrumpft es. Wenn wir uns also nicht zurückentwickeln wollen, müssen wir uns fortentwickeln.

Der Architekt als Entwicklungshelfer?
In gewisser Weise schon. Wenn ich an einem Projekt arbeite, versuche ich immer, das als offenen Prozess zu gestalten. Nichts ist schlimmer, als ein Denken in vorgefertigten Modulen. Ich will nicht von vornherein wissen, was am Ende herauskommen soll,

ich will mich selbst überraschen. Deshalb versuche ich, mir über Strukturen, Muster, Stimmungen einen Zugang zu einem Projekt zu verschaffen. Und da sind wir dann wieder bei den Gefühlen. Natürlich muss ein Gebäude auch effizient sein, es muss seine Aufgabe erfüllen. Doch interessiert mich ebenso sehr die Frage, was die Menschen in der Architektur empfinden, wie sie von dem Gebäude angesprochen werden, was es in ihnen auslöst.

Ist das nicht selbstverständlich?
Das meinen Sie. Von Gefühlen sprechen Architekten und Bauingenieure schon deshalb höchst ungern, weil die sich nicht berechnen, nicht in Zahlen fassen lassen. Sie verstecken sich lieber hinter den Funktionen, als ihrer Intuition zu trauen, dazu gehört nämlich einiges an Mut. Das musste ich selbst auch erst lernen. Bei der Stuttgarter Staatsgalerie zum Beispiel, von James Stirling, da hatten wir erst geplant, den Saal für die Wechselausstellungen ganz ohne Stützen zu bauen, ein großes, weites Dach, mehr nicht. Wie ich aber gerade zu großer bauphysikalischer Gymnastik aushole, frage ich mich plötzlich, warum das alles? Wäre es nicht schön, hier ein paar Säulen zu haben? Nicht weil sie unbedingt nötig sind, sondern weil sie dem Raum eine Struktur geben, weil sie eine Atmosphäre schaffen, weil sie eine räumliche Qualität begründen. Und diesem Prinzip versuche ich bis heute treu zu bleiben: Ich will die Architektur nicht entkleiden, ich will sie anreichern, ihr neue Schichten hinzufügen. Im Grunde wie bei einer gotischen Kathedrale, in der auch das Ornamentale und Konstruktive ein Bündnis eingehen.

Vielleicht sind Sie insgeheim auch ein Prince Charles.
Wie meinen Sie das?

Er verabscheut standardisierte Architektur und plädiert für ein atmosphärisches, seelenvolles Bauen – genau wie Sie, oder?
Ich glaube, die Traditionalisten suchen Sicherheit in den Lösungsmodellen der Vergangenheit. Sie wünschen sich vor allem mehr Behaglichkeit, mehr Ruhe.

Und das wünschen Sie sich nicht?
Genau. Oder ich wünsche mir das nur, wenn es sich um inspirierende, überraschende Lösungen handelt. Für mich darf Architektur gern auch einmal ruppig sein, düster, von mir aus auch verschreckend.

Verschreckend?
Ja, das war oft so in der Geschichte der Architektur. Das Neue gilt oft als hässlich, weil es sich nicht anpasst. Denken Sie nur an St. Paul's hier in London, diese Riesenkirche. Als der Bau vor gut 350 Jahren errichtet wurde, waren die meisten Leute entsetzt. Die Kuppel war für sie der reinste Horror, so übermächtig, so fremd, keine dieser vertrauten Kirchturmspitzen. Bis heute ist der Bau ein Fremdkörper im Stadtbild, aber gerade dafür wird sie nun geliebt. Und so ist das mit vielen solcher Wahrzeichen, sie brechen die üblichen Schablonen auf. Aber am Ende lieben wir das Merkwürdige daran, es gefällt uns, dass sie sich nicht einordnen lassen.

St. Paul's als Modell für gute Architektur?
(lacht) Nein, das wäre natürlich Unsinn. Es muss sich auch nicht jedes x-beliebige Gebäude hervortun. Dennoch bleibe ich dabei: Gute Architektur gehorcht nie nur einem Prinzip, sondern bietet uns eine Vielzahl ganz unterschiedlicher Atmosphären. Ein Haus kann seine lichten und seine finsteren Seiten haben, es kann uns bedrängen und uns erheben. Und je vielfältiger es ist, desto besser.

Das Prinzip heißt Abwechslung.
Genau.

Warum ist das für Sie so wichtig?
Weil ein Leben ohne Abwechslung, ohne Spannung, ohne Ambivalenzen furchtbar fad wäre. Ich glaube fest an die aktivierende Kraft der Architektur.

Ihr Büro allerdings residiert in einem Bürohaus, das gewöhnlicher nicht sein könnte – und dennoch können Sie hier kreativ arbeiten.
Auch ein stupides Gebäude kann seinen Zweck erfüllen, ohne Frage. Aber bestimmt wäre ich produktiver und hätte bessere Einfälle, wenn die Architektur eine andere wäre, wenn sie meine Sinne reizen, wenn sie mein Denken stärker stimulieren würde.

Das kann Architektur?
Ja, das kann sie. Denken Sie nur an die Macht der Musik, die uns beflügeln, unsere Stimmung aufhellen, uns anspornen kann. Ich arbeite zum Beispiel sehr gerne bei Bach-Musik, seine Cello-Suiten, einfach großartig! Und gute Architektur kann ganz Ähnliches bewirken.

Müssten Sie dann nicht dringend umziehen?
Aber wohin? Man müsste halb London abreißen und neu aufbauen, leider fehlt mir dafür das Geld. *(lacht)* Auch privat kann ich mir hier kein Grundstück leisten, deshalb wohne ich nicht in meinem Wunschhaus, sondern konventionell in einem Altbau. Ich bin froh, wenn ich jedenfalls hier und da einmal einen Bau planen kann, der meinen Vorstellungen entspricht, einen Pavillon für die Serpentine-Gallery zum Beispiel. Vor ein paar Jahren habe ich dort mit Toyo Ito zusammen einen Entwurf entwickelt, der ungeheuer viele Menschen fasziniert hat. Die wollten gar nicht wieder weggehen, so gut gefiel ihnen der Pavillon. Es war ein Bauwerk, das es so noch nicht gegeben hatte, es war anders.

Gibt es von der Sorte des Andersartigen nicht längst zu viele Bauten? So ziemlich jedes Hotel, jedes Kaufhaus, jedes Bürogebäude möchte heute einzigartig sein, und vor lauter Einzigartigkeit geht der städtische Zusammenhalt verloren.
Wenn Sie von den vielen Sensationsbemühungen sprechen, dann haben Sie recht. Von solchen Häusern, die ihre Banalität hinter schrägen, glitzernden Fassaden verstecken, gibt es tatsächlich zu viele. Es wird ja dank des Computers immer leichter, völlig verrückte Formen zu bauen. Doch um diese Art von Show-Architektur geht es mir nicht. Mich interessiert, wie sich das Leben verändert, wenn man die Räume für dieses Leben

Toyo Ito mit Cecil Balmond, Serpentine Gallery Pavilion, London, 2002

verändert. Zum Beispiel würde ich ungeheuer gerne einmal ein Krankenhaus bauen. Welche Form, welche äußere Erscheinung dabei am Ende herauskommt, wäre mir erst mal völlig egal. Vielmehr würde ich gerne untersuchen, wie so ein Krankenhaus funktioniert, welchen Regeln es folgt und wie sich diese Regeln durch andere räumliche Strukturen abwandeln und verbessern ließen. Mir gefällt es, so zu arbeiten, zusammen mit Freunden, mit Rem, Daniel oder Toyo.

Sie meinen Rem Koolhaas, Daniel Libeskind und Toyo Ito.
Ja, denen verdanke ich viele Anregungen, wir haben uns immer wieder gegenseitig infiziert, wir stellen uns gegenseitig in Frage. Mit Koolhaas arbeite ich jetzt seit über 20 Jahren zusammen, es ist geradezu eine osmotische Beziehung, sehr anregend.

Vieles an den Bauten, die Sie mit diesen Architekten erarbeitet haben, erinnert auffällig an Entwürfe der Avantgarde, an Mendelsohn, Taut, Finsterlin zum Beispiel. Mit dem Unterschied allerdings, dass damals, in den Zwanzigern, manche glaubten, mit den neuen Bauten auch eine neue Welt errichten zu können.
Das glaube ich heute noch.

Im Ernst?
Gut, ich weiß, das ist eine gewagte Aussage. Sie ist auch gar nicht so heroisch gemeint, wie sie vielleicht klingt. Mein Anspruch ist aber: Wenn wir ein neues Gebäude planen, dann müssen wir uns darüber klar werden, wie wir heute leben und wie wir eigentlich in Zukunft leben wollen. Wie ist unser Verhältnis zur Welt, wie wollen wir es gestalten? Wie können wir zum Beispiel durch Architektur lernen, mit Komplexität umzugehen, mit Ambivalenz? In dem Moment, in dem wir diese Fragen stellen, beginnt sich die Welt bereits zu verändern.

Woher nehmen Sie den Optimismus?
Ach, ich habe in meinem Leben schon viele Veränderungen erlebt, und so schmerzhaft manche auch waren, die meisten haben mich bereichert. Als Kind bin ich in Sri Lanka aufgewachsen, in einer ganz anderen Kultur als der, in der ich heute lebe. Später mussten wir dann nach Nigeria umziehen, was ein Weltenwechsel war. Dann kam ich zum Studium nach England und war erst einmal begeistert von den Idealen des Westens, von seiner Rationalität.

Aber diese Begeisterung hielt nicht lange an.
Doch, ich kann mich bis heute für das Klare und Strenge begeistern. Deshalb mag ich ja Bach, seine Logik, seine luziden Strukturen. Aber ebenso mag ich an ihm das, was ich das Magische nennen würde. Seine Musik hat immer auch etwas Unerklärliches, etwas, das uns verlockt, ohne dass wir wüssten, warum. Das Rationale und das Irrationale gehen bei ihm eine Partnerschaft ein, und Ähnliches würde ich mir für meine Entwürfe auch wünschen.

Sie meinen, in Ihren Bauten begegnen sich West und Ost?
So würde ich das sehen, ja. Ich musste meine asiatischen Wurzeln erst wieder entdecken, das brauchte einige Zeit. Aber heute erlebe ich es als Stärke, nicht auf eine klare Identität fixiert zu sein, sondern viele verschiedene Facetten zulassen zu können. Das ist bei Rem übrigens ganz ähnlich, er ist ja auch eine Art Asiate.

Weil er seine Kindheit in Indonesien verbrachte?
Ja, für uns beide ist das ein großer Fundus, aus dem wir schöpfen. Wir fürchten uns nicht vor dem Vielschichtigen und Vorläufigen, vor einer Welt, die sich verändert. Wir leben nicht in dem Gefühl, mit unseren Bauten eine feste Ordnung errichten zu müssen.

Und doch sind Sie den Zahlen immer treu geblieben. Sie haben nie den Sprung vom Bauingenieur zum freien Architekten gewagt.
Sie unterschätzen die Zahlen. Zahlen haben etwas Klares, und doch haben sie auch ihre eigene Magie.

Wie meinen Sie das?
Nehmen Sie zum Beispiel die Primzahlen, die haben eine Magie in dem Sinne, dass nicht alles gekannt, nicht alles verstanden werden kann. Erstaunlich finde ich auch,

dass alle Kulturen der Welt, und seien sie sich noch so fremd, dem Prinzip der Zahlen folgen. Bei den Zahlen sind sich alle einig. Warum sollte ich also nicht begeistert an dieser Form von Universalismus festhalten.

Sind das für Sie denn Gegensätze: die Welt der Zahlen und die Welt der Gefühle?
Ich glaube, die Zahlen ermöglichen mir eine Freiheit, und diese Freiheit ermöglicht es mir, auf meine Gefühle zu hören. Sehen Sie, die Architekten stehen oft im Fokus der Öffentlichkeit. Sie müssen für sich werben, sie werden kritisiert, sie ziehen die Aufmerksamkeit auf sich. Manche von ihnen sind nur noch die erfolgreichen Verkäufer ihrer eigenen Ideen. Ich hingegen genieße als Bauingenieur das Privileg, eher im Hintergrund arbeiten zu dürfen. Und ich bin im abstrakten Denken so sehr geschult, dass ich auch grundsätzliche Fragen stellen und Dinge in den Blick nehmen kann, die in der vordergründigen Welt der Vermarkter keinen Raum haben. Nur so entsteht eine Spannung, die es für einen guten Entwurf braucht. Dazu gehört die Lust an der Theorie, an der Abstraktion, aber ebenso die Bereitschaft, das Theoretische praktisch erproben zu wollen.

Was heißt das konkret?
Ach, das kann etwas ganz Simples sein. Zum Beispiel bringe ich manchmal meine Gitarre mit ins Büro, spiele ein bisschen Flamenco und gebe einigen Kollegen Unterricht. Sie glauben gar nicht, was da in einem Büro für Bauingenieure los ist.

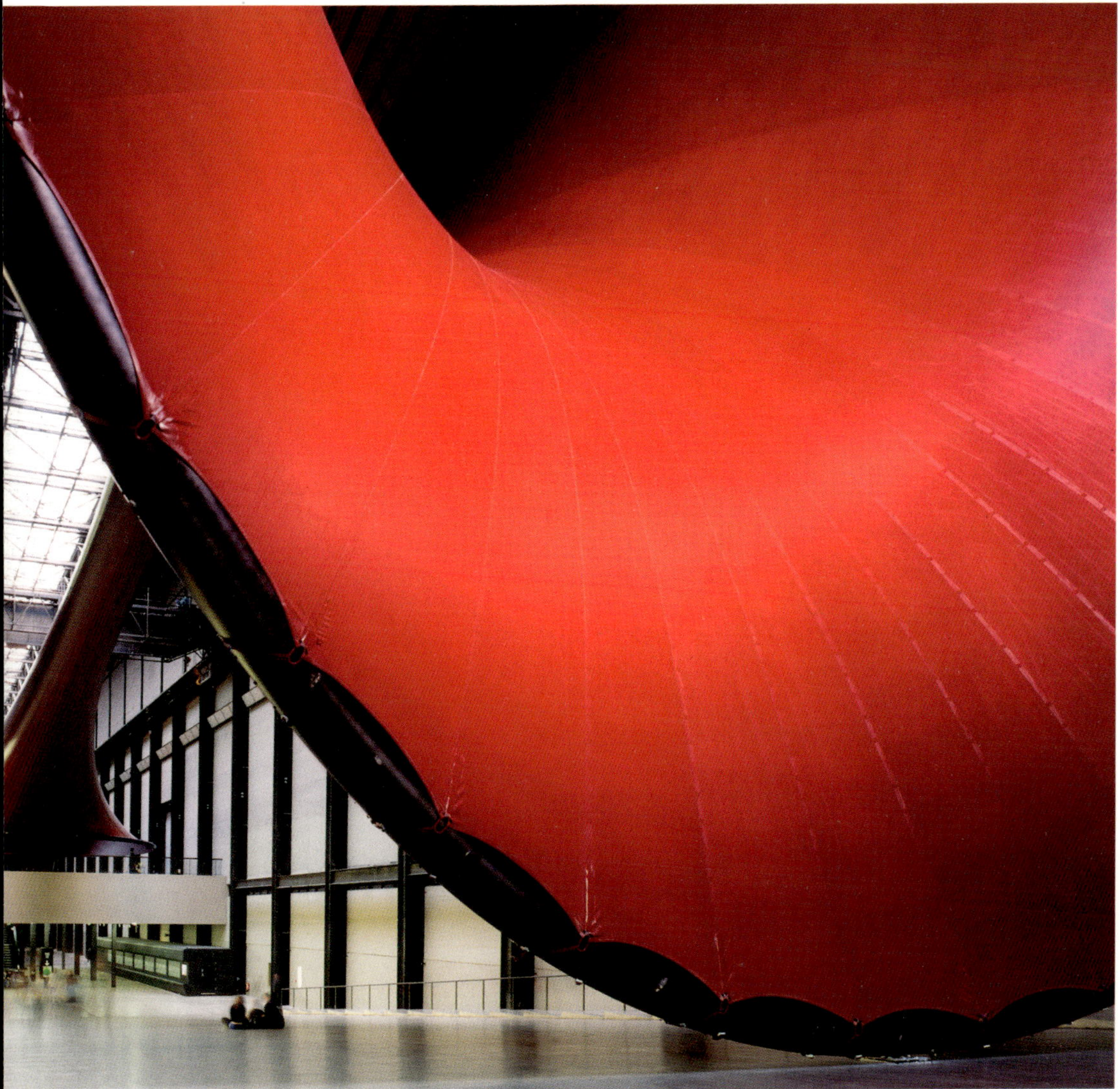

Anish Kapoor mit Cecil Balmond, Marsyas-Skulptur in der Tate Modern, London, 2002

GÜNTER BEHNISCH

IN DER ARCHITEKTUR WIRD SICHTBAR, WIE WIR MIT DER WELT UND UNS UMGEHEN

Das Alter macht ihm zu schaffen, auf den Stock muss er sich stützen, auch das Sprechen fällt ihm schwer. Die Augen aber sind hell und wach, manchmal funkeln sie listig. Wir treffen uns auf seinem Dachboden, hier, in einem alten Fachwerkhaus, irgendwo in Stuttgarts waldigen Vororten, hat er lange sein Büro gehabt, von hier aus steuerte er einige der wichtigsten Bauprojekte der Bundesrepublik. Wie ein General, dickköpfig und unerbittlich, so erlebten ihn manche seiner Mitarbeiter. Fast, als sei in ihm noch immer etwas Soldatisches. Behnisch, 1922 in Dresden geboren, war U-Boot-Kommandant, kam in englische Kriegsgefangenschaft und konnte erst spät mit dem Architekturstudium in Stuttgart beginnen. Der nicht-soldatische Behnisch aber, der war auch stets lebendig: Er spielte mit der Architektur und wollte ihr zu größter Sanftmut verhelfen. Ihm und seinem Team sind die Olympia-Anlagen in München ebenso wie die Plenarbauten des Bundestags in Bonn zu verdanken. Und so zurückhaltend Behnisch auch ist, den Stolz darauf kann er nicht verhehlen. Mehr aber noch liebt er die Schulen, von denen er so viele in seinem Leben gebaut hat. Und von denen er immer hoffte, sie könnten den Kindern ein wenig von jener Freiheit mitgeben, die ihm in seinem Leben lange nicht vergönnt war.

Herr Behnisch, wenn Sie noch einmal 20 wären – würden Sie noch einmal Architekt werden?
Was Besseres fiele mir wohl nicht ein. Aber wissen Sie, dass meine Enkel jetzt alle Architekten werden, das bereitet mir schon Sorgen. Ich habe mich ja wahnsinnig gequält und bin jetzt körperlich ziemlich kaputt. Und dass nun auch meine Nachkommen ein so anstrengendes Leben haben werden, das ist natürlich ein schrecklicher Gedanke. Da muss es doch was Leichteres geben, Journalist vielleicht. *(lächelt)*

Was war es denn, das Sie so fürchterlich angestrengt hat?
Denken Sie nur an München, an das Olympiastadion, oder an den Plenarsaal in Bonn. Ist ja grauenhaft, was wir da für Kraft reingesteckt haben. Und es dann so zu machen, dass diese Kraft nicht in Gewalt umschlägt, dass es so aussieht, als wäre es leicht. Das war ja die Kunst: unter großen Zwängen etwas Ungezwungenes zu bauen.

Und wie ist Ihnen das gelungen?
Man muss die Probleme aus dem Büro raushalten, damit die Mitarbeiter in einer leichten Situation arbeiten können. In Bonn hatten wir zum Beispiel einen ganz ekelhaften obersten Baubeamten. Da haben wir extra einen Partner abgestellt, der die Aufgabe hatte, den zu beschäftigen. Er ist jede Woche hingefahren, hat gesagt, Ihre Aktenvermerke stimmen nicht, hat ihm alles um die Ohren gehauen, sodass der wieder die ganze Woche zu tun hatte.

Damit hatten Sie ihn vom Hals?
Unsere Bauten brauchen halt Freiheit. Wir arbeiten nicht auf ein Ziel zu, sondern warten im Prozess, was sich ergibt. Wir gehen viel auf die Baustellen, und manchmal merken wir dann, dass etwas fehlt. Und dann ändern wir unsere Pläne. Zum Schluss sind wir oft überrascht, was da zur Welt kommen wollte.

Was, Sie lassen das einfach so laufen?
Ganz so ist es wohl nicht. Aber man kann und sollte nicht alles steuern, finde ich. Sonst kommt da am Ende so eine Platzanweiserarchitektur heraus, die alles bestimmen will. Nein, in meinen Häusern darf es auch Widersprüche geben, meine Häuser wollen nicht unbedingt recht haben. Sie sind offen für vieles, auch für Veränderungen in sich selbst.

Kann es sein, dass Sie in Ihrem Leben eher Landschaften als Häuser gebaut haben?
Das mag sein. Ich bin ja ein ländlicher Mensch, aufgewachsen in einem kleinen Dorf, in Lockwitz bei Dresden. Nach dem Krieg kam ich dann nach Stuttgart, und die Hügel und Bäume, die gefielen mir gleich. Ist natürlich bürgerlicher hier, aber die Stimmung ist schon ähnlich. Also, dass ich auf dem Land aufgewachsen bin, das hat schon bestimmte Vorstellungen in mir erweckt. Dass man zum Beispiel einen Ort nicht mit Mauern umgrenzen und einengen muss. Da steht ein Baum, da fließt ein Fluss, da läuft ein Igel rum, das ist mehr so meine Welt. Und so sehen unsere Gebäude ja auch aus, da laufen überall Igel rum.

Wie meinen Sie das?
Wichtig ist für mich, dass die Dinge in der Landschaft miteinander reden – der Bach mit dem Hang und der Hang mit dem Feld. So ist das in unserer Architektur auch. Die Dinge treten ein in ein Gespräch, und ich verlange nicht von ihnen, dass sie in einer von mir entworfenen Ordnung strammstehen.

Sie reden von Dingen, als seien es Menschen.
So empfinde ich sie. Dahinter steckt sicherlich der Wunsch, ihnen Eigenart zuzusprechen und sie als Individuen zu sehen. Denn gerade in der Vielfalt der Materialien und Formen, in dem, was ungeordnet erscheint, lebt für mich so etwas wie Freiheit, eine Freiheit, in der Dinge und Wesen zu sich selbst finden können. Ich finde es halt schön, auch ein Lochblech oder irgendein anderes Teil, das im praktischen Leben ausgeschieden worden oder schlecht behandelt worden ist, wieder gut zu behandeln.

Olympia-Anlagen, München, 1972

Woher dieser Hang zum Unperfekten und Unvollendeten?
Der Mensch ist nicht perfekt, warum sollte es die Architektur sein? Ich mag nun mal das Unabgeschlossene. Das ist wie bei der Literatur: Wenn jemand alles aufzählt, ist doch der Spaß raus. Wenn Lücken drin sind, kann die Fantasie weiterarbeiten. Das ist eben etwas ganz anderes als das, was man unter preußischer Architektur versteht. Deshalb gab es ja auch den Kampf um das neue Gebäude für die Akademie der Künste in Berlin. Dort, am Pariser Platz, verlangte die Stadt, dass alle Häuser gleich hoch und möglichst gleich gestaltet sind. Da wird eine Ordnung von oben übergestülpt, während die Ordnung, die wir meinen, von unten kommt und an den Eigensinn der Dinge glaubt. Und natürlich an den der Menschen.

Aber was ist so schlimm daran, sich in einem städtischen Gefüge architektonisch anzupassen?
Das Einzelne war für mich eben immer wichtiger als die große Ordnung.

Es kann doch nicht jedes Haus ein Solitär sein.
In Berlin ging es ja darum, mit städtebaulichen Mitteln einen neuen gesellschaftlichen Zusammenhalt zu schaffen. Aber ich glaube nicht, dass das geht. Man kann das nicht aufpressen, denn Zusammenhalt ist ja nichts Äußerliches. Sehen Sie, früher hat der Handwerksmeister sein eigenes Haus gebaut. Unten war sein Geschäft, oben die Wohnung, und da war er stolz drauf. Heute gibt es kaum noch vernünftige Handwerker mehr, und wenn gebaut wird, dann sind das meist nur noch Renditeobjekte. So sehen die Gebäude dann eben auch aus. Die Architektur kann nicht in Ordnung bringen, was die Realität versaut.

Das hört sich sehr fatalistisch an.
Nein, damit müssen wir leben. Das ist nun mal das Prinzip der Freiheit: dass die einzelnen Dinge sein können, was sie sind. Wenn man trotzdem Gebäude antreten lässt wie Rekruten und sie sich ausrichten müssen, dann spiegelt das für mich nicht das Wunschbild unserer Gesellschaft wider. Aber gut, das sind sicherlich auch Reaktionen auf unsere Geschichte, auf das Dritte Reich.

Fühlen Sie sich stark durch Ihre Vergangenheit geprägt?
Mir ist es im Krieg ja nicht schlecht gegangen. Als U-Boot-Kommandant war ich viel besser dran als all die, die im Panzer in Russland saßen. Das Zur-See-Fahren war ja für einen jungen Kerl auch eine dolle Sache. Der Schrecken kam erst hinterher, als mir all die Schweinereien der Nazis klar wurden. Das verlässt einen das ganze Leben lang nicht, dieser Gedanke, ich hätte an einem Bahnhof kommandieren müssen, wo die Juden verladen wurden. Da kommt keiner los davon, ob er dabei war oder nicht. Nachts höre ich oft den Flughafen hier in Stuttgart, wie sie ihre Motoren warm laufen lassen. Ich meine dann immer, die Nachtjäger zu hören.

Leben diese Erinnerungen auch in Ihren Bauten?
Das glaube ich nicht. Jedenfalls wollten wir nie so etwas wie Anti-Nazi-Architektur bauen. Manche vermuten ja, ich würde deshalb so viel mit Glas bauen, weil ich so lange

Buchheim Museum, Bernried, 1999

im U-Boot war. Das ist aber Unsinn. Meine Liebe fürs Licht kommt von »Brüder, zur Sonne, zur Freiheit«.

Sind Sie Sozialdemokrat?
Nein, aber mein Vater war in der Partei, ein sehr freigeistiger Lehrer. Er und meine Mutter haben auch immer ein paar lahme Enten mit durchgeschleppt, daran kann ich mich noch gut erinnern. Mag sein, dass daher auch meine soziale Ader stammt. Jedenfalls war für mich Willy Brandt und sein »Mehr Demokratie wagen« immer sehr wichtig. Und auch bei Carlo Schmidt oder später bei Jürgen Habermas konnte ich mich wiederfinden, in seinem Verfassungspatriotismus.

Sind Ihre Häuser so eine Art gebaute Diskurstheorie?
Theorien in Architektur übersetzen, das geht nicht. Da kommt nur was Verquastes raus. Wir sind an unsere Bauten immer sehr intuitiv rangegangen. Und jeder der vielen Partner und Mitarbeiter bekam die Freiheit, die er brauchte. Mit Knechten kann man ja keine freie Architektur machen. Wir hatten immer sehr viele junge Leute im Büro, die haben dafür gesorgt, dass wir nicht träge wurden. Zwei, drei Projekte haben die dann gemacht, bevor sie weiterzogen. Dann wussten sie auch schon zu viel, sie wussten, was schiefgehen kann, und hatten keinen Mut mehr, etwas Freies und Ungewöhnliches zu wagen.

Mittlerweile ist ja die Zeit der Wagnisse vorbei, die gesellschaftliche Stimmung hat sich gewandelt. Was bleibt da noch von der Ideenwelt Ihrer Häuser?
Na, ich wundere mich schon über die neue Gewaltsamkeit. Was da aus der Schweiz hochkommt, von Mario Botta etwa, oder was in Berlin von Hans Kollhoff gebaut wird, das empfinde ich schon als riskant. Die wollen alles in ihren Bauten bestimmen, wollen alles rechteckig machen, alles mit Naturstein auf ewig stellen. So wie der Adolf, der seine Bauten so plante, dass selbst die Ruinen tausend Jahre halten sollten.

Machen Sie es sich da nicht zu einfach?
Es geht mir ja nicht darum, das Bauen mit Naturstein zu verbieten. Das wäre ja Unsinn.

Mich stört aber die Selbstherrlichkeit und Überheblichkeit dieser Gebäude. Das empfinde ich nicht als sehr demokratisch.

Aber gibt es denn überhaupt so etwas wie demokratische Architektur?
Die gibt es nicht, aber es gibt Bauten, die aus einem demokratischen Geist heraus entstehen. Die keine ein für allemal geschlossene Ordnung verfügen. In der ganzen Diskussion darüber, ob nun die Regierung von Bonn nach Berlin umziehen soll, ist ja oft behauptet worden, die alte Bundesrepublik sei mit ihren Regierungsbauten so unfrei und ängstlich und geduckt gewesen. Das Gegenteil stimmt: Vieles war gelassen und selbstbewusst. In Berlin aber sind lauter Bauten der Angst entstanden. Häuser, bei denen nur das Sicherheitsdenken regiert, die jedes Risiko vermeiden. Dafür steht ja auch die Debatte über einen Wiederaufbau des Stadtschlosses: Alle reden von Innovation, in Wahrheit aber sind sie so verkniffen, dass sie sich nur noch das Alte vorstellen können und nichts mehr wagen wollen.

Diese Sehnsucht nach der Vergangenheit gibt es aber auch deshalb, weil in den letzten Jahrzehnten so viel seelenlose Architektur gebaut wurde.
Ja, ich kann die Sehnsucht auch verstehen. Das Harmonische und das Symmetrische haben ja auch ihre Stärken, da sind die Dinge zur Ruhe gekommen. Und ich sehe, dass viele alte Bauten sehr schön sind und sehr gut. So ein dünner und leichter Klassizismus, dafür kann ich mich schon begeistern. Aber ähnlich begeistere ich mich auch für Briefe in Versform, wie sie früher oft geschrieben wurden. Trotzdem komme ich nicht auf die Idee, solche Briefe heute selbst zu schreiben.

Und dass sich viele Menschen nach Gemütlichkeit, manche gar nach Geborgenheit sehnen?
Weil die Leute keine innere Sicherheit haben, wollen sie zumindest eine äußere Sicherheit, nicht wahr? Mir wäre es lieber, sie würden stärker in sich ruhen. Wenn es jemand nach Gemütlichkeit verlangt, soll er sich eine Katze anschaffen. Ich habe zwei Katzen zu Hause, das ist gemütlich.

Kritik an der modernistischen Architektur lassen Sie nicht gelten.
Doch, aber altertümelnde Bauten mag ich trotzdem nicht.

Was stört Sie daran?
In der Architektur wird ja sichtbar, wie wir mit der Welt und uns umgehen. Und nicht nur das: Sie prägt auch unseren Blick auf die Welt. Natürlich gibt es da keinen Schalter, der umgelegt würde. Aber was uns anfangs noch verrückt vorkommt, wird mit der Zeit normal und vertraut. Die Wahrnehmung verändert sich, unser Bild von der Wirklichkeit verändert sich und damit wohl auch, das wäre meine Hoffnung, die Wirklichkeit selbst.

Was können denn Ihre Bauten verändern?
Ich verstehe mich ja nicht als Volkserzieher, und mein missionarischer Eifer ist gering. Ich hatte immer etwas gegen Ideologen. Dennoch meine ich, dass etwas vom Geist, der beim Bau eines Hauses herrscht, dort weiterlebt und auf die Menschen wirkt. Dass etwas von der Stimmung hängen bleibt, und um Stimmung geht es mir.

Welche Stimmung meinen Sie?
Die Barockarchitektur ist ein schönes Beispiel, die berühmte Wieskirche oder das Kloster Zwiefalten. Da kann man fliegen, so groß ist die Freiheit. Beide sind ja zu Zeiten großer Umbrüche entstanden, als die alten Ordnungen geknackt wurden. Ja, wenn das unsere Architektur bewirken würde, dass man gerne drin fliegen würde, dann wäre das ganz schön. Zumindest so ein bisschen schweben.

Und im neuen Berlin bleibt alles am Boden?
Der Axel Schultes, der das Kanzleramt gebaut hat, der ist schon ein lustiger Vogel. Aber beim Kanzleramt hat er formal überzogen. Das ist so ein Kinoding geworden, wo man immer drauf wartet, dass der Kanzler mit Elektrogitarre die Treppe runterkommt. Na, und dann der Reichstag. Gut, dem Norman Foster ist es immerhin gelungen, die Kuppel aus dem Symbolischen rauszuholen, sie thront nicht mehr. Aber innen – einige Räume sehen aus wie Wartesäle der DDR-Reichsbahn.

Ich sehe schon, mit Berlin werden Sie nicht warm.
Das Thema liegt mir nicht besonders. Ich bin ein Sachse, und wir haben immer mit Österreich zusammen gegen die Preußen gekämpft – und haben immer verloren. Friedrich der Große, das war ja ein Räuber, der hat sein Land aufgeblasen. Die Österreicher waren mir immer sympathischer. Die kennen das auch, das Laufenlassen und das Sehen-wir-mal-wie-es-geht.

Das war immer Ihr Lebensprinzip.
Ja, so ist's geworden.

Und einen Schlusspunkt gibt es da nicht.
Wissen Sie, das Schreckliche am Altwerden ist ja, dass die Welt, in der man gelebt hat, rechts und links abbricht. Alle sterben sie. Und da ist es natürlich schön, weiterhin hier herzukommen, in mein Büro, wo so vieles noch da ist. Aber es wird schon weniger, es läppert so aus. Das Büro wird nach und nach aufgelöst und verschmilzt mit dem Büro meines Sohnes. Da geht's dann weiter. Sie sehen, fast wie in einer Fontane-Erzählung.

Gibt es für Sie denn noch einen Wunsch?
Ich hatte immer mal den Wunsch, einen Fischlogger zu kaufen. Das sind so Holzschiffe, die in Dänemark gebaut werden, hochseetüchtig und mit riesigem Dieselmotor, dum, dum, dum. Damit wollte ich bis ins Mittelmeer runter, dahin, wo ich damals mit dem U-Boot war. Schon eigenartig. Mit 17 kannte ich ja sämtliche Häfen, Genua, Toulon, La Spezia, die Straße von Bonifacio. Mein Gott, was für eine schöne Gegend. Das war ja was für so einen jungen Kerl, raus aus unserem verqueren Nazideutschland. Und was für sympathische Leute die Franzosen waren. Wenn nur der Krieg nicht gewesen wäre.

Norddeutsche Landesbank, Hannover, 2002

PETER EISENMAN

ES IST DIE ANDERSARTIGKEIT, DIE DIFFERENZ, AUF DIE ES MIR ANKOMMT

Mitten in Manhattan. Ein Dutzendhochhaus, ziemlich heruntergekommen, ein winziger Eingang und ein Fahrstuhl, in den man nur zögerlich einsteigt, weil man meint, er würde bestimmt gleich stecken bleiben. Dann aber fahren wir mit ihm hinauf, bis die Türen plötzlich aufspringen. Unvermittelt steht man in einem Gewühl aus großen Pappmodellen und staubigen Regalen, die sich unter Zeitschriften, Büchern und Aktenordnern biegen. »Peter ist der wichtigste Architekt der Gegenwart«, hat sein Kollege Philip Johnson einmal gesagt. »Er ist ein Architekt, der die Theorie braucht, so wie Mies van der Rohe die Technik brauchte. Wir alle brauchen unsere Krücken.« Eisenman machte seine Krücke lange zum Lebensinhalt. 1967 – da war er gerade 35 und hatte seine Promotion abgeschlossen – gründete er nicht etwa ein eigenes Büro, sondern eine Denkerschule, das Institute of Architecture and Urban Studies. Es wurde das weltweit einflussreichste Theorielabor für Architekten: Hier begann die Architektur neu über sich nachzusinnen. Erst 1980, fast schon 50 Jahre alt, gründete er ein Architekturbüro. Große Projekte wurden ihm übertragen, das Wexner Center for Visual Arts in Ohio zum Beispiel. Weltbekannt wurde er aber durch das Holocaust-Mahnmal in Berlin. So wie dort will Eisenman auch sonst das Gefühl für Raum und Zeit in die Irre führen. Lange war er eng befreundet mit dem französischen Denker Jacques Derrida und diskutierte über die Anwesenheit der Abwesenheit, über Diskontinuität, Rekursivität und Selbstähnlichkeit. Bis heute sind Eisenmans theoretische Schriften dicker als die Kataloge, die seine gebauten Entwürfe zeigen.

Das Holocaust-Mahnmal in Berlin ist wohl auch deshalb Ihr bekanntestes Projekt, weil es lange Debatten und große Kontroversen ausgelöst hat. Sollte es das werden, ein Ort des Streits?
Na, hoffentlich wird es noch viel mehr Streit und Debatten geben. Wenn plötzlich alle froh und glücklich über das Mahnmal wären, hätte ich ja etwas falsch gemacht.

Sie wollen uns aufstacheln?
Aufstacheln nicht, aber beunruhigen. Vielleicht so, wie uns ein Bild von Caspar David Friedrich beunruhigen kann. Es ist schön, doch zugleich hat diese Schönheit auch etwas Sonderbares. Man kann sich darin verlieren und ein Gefühl des Alleinseins haben. Eben diese Erfahrung birgt auch das Mahnmal. Wer das Stelenfeld durchwandert, verliert Richtung und Ziel und vielleicht auch seine Gewissheiten. Verstehen Sie, in unseren Köpfen schwirren lauter Fotos und Filme über den Holocaust herum. Das Mahnmal versucht, die Macht dieser Medienbilder zu brechen. Es versucht, die Hegemonie des Visuellen zu überwinden, es setzt auf primäre körperliche Erfahrung, auf Affekte.

Liegt nicht gerade darin eine Gefahr? Dass man sich im Mahnmal fühlt wie in einem x-beliebigen Irrgarten oder gar wie in einer Geisterbahn?
Ich glaube nicht. Aber ich kann es auch nicht ausschließen. Die Erfahrung des Mahnmals wird für jeden etwas Unvorhersehbares sein, das macht seine Stärke aus.

Wäre es nicht noch stärker, wenn es weniger abstrakt daherkäme? Wenn es mehr konkrete Informationen anbieten würde?
Es wäre falsch, wenn die Schrecken des Holocausts zu einem erkennbaren Symbol erstarren würden, zu etwas, das wir verstehen und in unsere Psyche einordnen können. Es gibt da keine Wahrheit zu verkünden, keinen Sinn zu verschreiben. Wir können das, was geschehen ist, nicht begreifen. Es macht uns hilflos. Und von dieser Hilflosigkeit lässt sich im Mahnmal etwas erfahren.

Wie plant man so etwas – eine Architektur ohne Zeichen, ohne Symbole, ohne Sinn?
Da hat uns der Computer wunderbar geholfen. Wir haben ein paar Grunddaten eingegeben, und dann hat er zwei unterschiedliche und ganz zufällig geformte Flächen ausgespuckt. Diese beiden Flächen haben wir übereinandergelegt und sie durch die Stelen miteinander verbunden. Die eine Fläche wurde so zum Boden des Mahnmals, die andere markiert die Oberkante der Stelen.

Das heißt, Sie haben beim Entwerfen viel Kontrolle an den Computer abgegeben. Sie haben den Zufall zum Prinzip gemacht.
Ja, es ist eine Möglichkeit, den herkömmlichen Vorstellungen von Architektur zu entkommen und etwas ganz anderes entstehen zu lassen. Verstehen Sie, es ist die Andersartigkeit, die Differenz, auf die es mir ankommt.

Nach diesem Anderen suchen Sie in vielen Ihrer Entwürfe. Stets wollen Sie alle Erwartungen enttäuschen und etwas Unbenennbares bauen. Sie graben Ihre Häuser ein, Sie lassen Figur und Fläche ineinanderlaufen, setzen auf Verstörung – alles ganz ähnlich wie beim Mahnmal. Fast könnte man meinen, es sei für Sie ein ganz normales Bauwerk.
Ja und? Meinen Sie, das sei unangemessen angesichts des Themas Holocaust?

Das könnte es zumindest sein.
Sie glauben, meine Suche nach dem Andersartigen sei eine Art Fetisch. Aber da täuschen Sie sich. Meine Prinzipien sind zwar meist dieselben, ich versuche, die üblichen Typologien zu sprengen, und will mit der Vorstellung aufräumen, ein Haus müsse immer vier Wände haben. Dennoch sehen alle meine Bauten anders aus und erzeugen auch andere Erfahrungen. So ist für mich auch das Mahnmal ein ganz unverwechselbares Projekt, schon allein aus biografischen Gründen.

Weil Sie aus einer jüdischen Familie stammen.
Ja, und diese Abstammung ist mir durch das Mahnmal erst so richtig bewusst geworden. In meinen Jugendjahren fühlte ich mich nicht als Jude, meine Eltern waren assimiliert. Wir sind nie in den Tempel gegangen, und natürlich gab es bei uns zu Weihnachten einen Tannenbaum. Dennoch spüre ich so etwas wie eine jüdische Empfindsamkeit. Und die hat sich durch meine Erfahrung mit diesem Projekt noch gesteigert.

Was meinen Sie damit?
Ich fühle mich oft fremd in meiner Stadt und in meinem Land, so als lebte ich in einer Art Diaspora. Ich fühle mich nirgendwo mehr daheim. Und ich mag dieses Gefühl.

Aber woher rührt dieses Gefühl, wenn Sie nicht als Jude erzogen wurden?
Ach, es gab genug Leute, die mich meine Herkunft haben spüren lassen. Während der dreißiger Jahre war der Antisemitismus in den USA sehr stark, vor allem in der Mittelschicht. 1942, da war ich in der vierten Klasse, teilte mir mein bester Freund mit, ich dürfe ihn nicht mehr zu Hause besuchen, weil ich ja jüdisch sei. Wir waren dann noch acht Jahre lang zusammen in derselben Klasse, aber ich habe nie wieder mit ihm gesprochen. Ich war so verletzt. Er hat sich nie entschuldigt. Tja, was soll ich sagen, natürlich beeinflussen mich solche Erfahrungen bis heute.

Sie meinen, in Ihrer Suche nach dem Andersartigen, dem Differenten?
Damals wollte ich natürlich so sein wie alle anderen. Es war mir furchtbar peinlich, als meine Eltern einen 52er Studebaker mit der neuen Form von Raymond Loewy kauften, denn die Eltern meiner Freunde fuhren alle Buick. Auch sonst versuchte ich, nicht aufzufallen. Ich war ein Nichts. In der Schule gab ich falsche Antworten, sodass niemand sagen konnte, ich sei ein schlauer Jude.

Dennoch sind Sie später Architekt geworden, jemand, der sich exponiert.
Ja, das war aber eher ein Unfall. An der Uni hatte ich Chemiekurse belegt, weil mein Vater Chemiker war. Was ich selbst wollte, wusste ich lange Zeit überhaupt nicht. Eines Tages lernte ich dann jemanden im Studentenheim kennen, der Architekt werden

wollte. Bis dahin hatte ich noch nicht mal das Wort Architektur gehört. Ich war ungeheuer begeistert von den Modellen und Zeichnungen, an so etwas hatte ich als Junge immer meine Freude gehabt. Also ging ich zu meinen Eltern und sagte: Passt auf, ich werde Architekt. Sie sahen mich an, als wäre ich verrückt. Und mein Vater meinte, das sei doch wieder einer meiner Tricks. Aber ich sagte, nein, ich werde Architekt. Es war die erste wichtige Entscheidung meines Lebens. Von dem Moment an war ich ein anderer Mensch.

Also kein Unfall, eher ein Glücksfall.
Ja, die Architektur hat mir zu einem starken Ich verholfen, wenn man so will.

Allerdings haben Sie lange Zeit nichts gebaut, sondern sich zum Theoretiker und Architektur-Organisator entwickelt. Warum eigentlich?
Ich habe von Anfang an gebaut, nur ist da ziemlich viel schiefgelaufen. Als ich 1956 beim Militär in Korea war, durfte ich ein Kasino planen. Ausgerechnet bei der Eröffnung – sogar der General war gekommen – blies dann ein fürchterlicher Monsun. Das Dach stürzte in sich zusammen. 1959 habe ich für die Cornell-Universität eine

Holocaust-Mahnmal, Berlin, 2005

Wohnungsanlage entworfen, musste aber feststellen, dass der Entwurf doppelt so teuer wurde wie vorgesehen. Ich habe New York verlassen und bin nach Cambridge gezogen.

Sind Sie in die Architekturtheorie geflüchtet?
In England wurde mir bewusst, dass Architektur eben nicht nur eine praktische Kunst ist, sondern dahinter immer eine Ideenwelt steckt.

Dennoch hätten Sie natürlich weiterhin bauen können, was Sie nicht taten.
Vielleicht hatte ich Angst vor dem Scheitern. Vielleicht fühlte ich mich noch nicht bereit für das Bauen. Ich musste erst verstehen, was ich da eigentlich machte.

Hilft denn die Theorie beim Entwerfen?
Überhaupt nicht. Das geht eher intuitiv. Manche Ideen fallen mir unter der Dusche ein oder sonstwo. Natürlich spielen bestimmte theoretische Überlegungen mit hinein, aber wenn die Theorie nicht funktioniert, werfen wir sie raus.

Das heißt, Ihre Bücher haben mit Ihren Häusern nur wenig zu tun?
Ich schreibe, weil ich während des Schreibens viel über meine Arbeit lerne. Genauso ist es mit der Lehre: Ich spreche mit meinen Studenten, und plötzlich kommt eine neue theoretische Idee aus mir heraus. Ich setze mich also nicht bewusst hin, um mir etwas Theoretisches auszudenken. Vielmehr lasse ich es einfach fließen. Ich bin das, was C.G. Jung einen intuitiven Denker-Typus nennt. Das unterscheidet mich auch von vielen anderen Architekten, von Gehry zum Beispiel. Ich bin kein Stararchitekt.

Aber Sie werden doch als solcher gehandelt.
Ich bin aber anders, nicht besser. Weiß auch nicht, warum. Ich bin in jedem Fall anders als Koolhaas, Hadid oder Libeskind.

Inwiefern?
Na, schauen Sie sich doch hier im Büro einmal um. Es ist klein und bescheiden mit vielen Büchern und Magazinen.

Ihre Bücher heben Sie ab von Ihren Kollegen?
Wenn Palladio nicht seine berühmten Bücher geschrieben hätte, würden wir wohl nichts mehr von ihm wissen. Wenn es von Corbusier nicht »Vers une architecture« gäbe, würde kein Mensch seine kleinen weißen Häuschen zur Kenntnis nehmen. So etwas haben ja damals viele gebaut. Alle großen Architekten sind groß dank ihrer Bücher, sogar Mies van der Rohe hatte ein Magazin. Ich schreibe, um Teil einer künftigen Kultur zu sein.

Also um erinnert zu werden?
Ein Teil der Geschichte zu sein, ist mir wichtig. Das ist für mich wie bei Faust und dem Teufel. Der Teufel kann einem Reichtum, Liebe und Macht geben, er kann sie aber auch wegnehmen. Die Geschichte aber kann einem keiner wegnehmen. Und zu dieser Geschichte gehört eben auch das Schreiben. Ich glaube, wer als Architekt nicht schreibt, ist kein großer Architekt.

Was ist das für Sie, ein großer Architekt?

Große Architekten haben immer mit den gegebenen Verhältnissen gebrochen. Bramante hat mit Alberti gebrochen und Palladio mit Bramante. Mies hat mit dem 19. Jahrhundert gebrochen und so weiter. Immer gab es radikale Momente der Veränderung, Momente, in denen etwas anderes sichtbar wird.

Ist diese Vorstellung vom Radikalen und Andersartigen nicht überholt? Heute versucht jeder normale Büroturm, anders und ungewöhnlich zu sein, und jeder Architekt will eine Ikone bauen.

Denken Sie wirklich? Für mich sieht das meiste um uns herum absolut gleich und ziemlich fade aus. Vielleicht liegt das auch daran, dass die meisten Bauten nicht wirklich an die Autonomie der Architektur glauben.

Autonomie? Ist Architektur denn Bildhauerei, frei von jeder Art Aufgabe?

Für mich beginnt Architektur erst jenseits aller Aufgabenerfüllung. Dort, wo sie als einzigartige Kulturform spürbar wird. Sie ermöglicht uns Erfahrungen, die weder Film noch Literatur liefern können.

Was für Erfahrungen meinen Sie?

Zum Beispiel die Erfahrung, sich verloren zu fühlen.

Da muss ich aber doch nur auf den unendlich weiten, zugigen Alexanderplatz in Berlin gehen, um mich verloren zu fühlen. Und selbst manchen neokonservativen Bauten, etwa denen des Berliner Architekten Hans Kollhoff, wohnt etwas Verunsicherndes inne, so fremdartig, wie sie sind.

Aber Kollhoff geht es doch nicht um Andersartigkeit, sondern darum, Berlin wieder ins Altvertraute zu befördern, zurück ins 19. Jahrhundert. Ideologisch zielt er nicht auf das Fremdartige, selbst wenn man sich in seinen Bauten vielleicht fremd fühlt.

Muss denn der Betrachter wissen, was der Architekt sich gedacht hat, um dessen Architektur richtig erfahren zu können?

Nicht unbedingt. Sie müssen aber schon berücksichtigen, dass Architektur sehr viel mit Kultur zu tun hat. Also auch damit, feine Unterschiede erkennen zu können. Stellen Sie sich vor, wir würden alle immer Pepsi trinken, dann wüssten wir nicht, was einen guten Wein eigentlich ausmacht. Natürlich muss man erst die Fähigkeit entwickeln, einen solchen Wein würdigen zu können und den Unterschied zu schmecken. So ist das auch mit der Architektur, auch dort kommt es auf die Unterscheidungsfähigkeit an.

Das klingt für mich so, als sei Architektur etwas Elitäres, etwas für Kenner.

Zum Glück ist nicht alles Architektur. Das wäre ja auch nicht auszudenken. So, als würden Sie jeden Abend ein Drei-Sterne-Menü essen. Sie könnten das Besondere nicht mehr wahrnehmen. Ich will deshalb auch nicht in Architektur leben. Ich will ein normales Leben. Nur wenn es so etwas wie Normalität gibt, hat das Außergewöhnliche seinen Wert.

Viele Architekten aber inflationieren das Außergewöhnliche. Sie doch auch.
Das betrifft nur einen Bruchteil dessen, was gebaut wird. Von Architekten wie mir gibt es nur ganz wenige Bauten, und das ist auch gut so. Dennoch sind auch Gebäude wichtig, die sich abheben und im Vordergrund stehen, wie das Brandenburger Tor oder das Jüdische Museum von Libeskind. Wir begnügen uns ja auch nicht damit, immerzu nur Fahrstuhlmusik zu hören. Wir leisten uns die Oper als eine komplexere Form der Kultur.

Nur kann ich der Komplexität einer Oper noch am selben Abend entkommen. In der Architektur ist jede Art von ästhetischem Experiment auf Dauer gestellt.
Niemand ist gezwungen, mich als Architekten zu engagieren. Zudem glaube ich nicht, dass die Geschichte sich groß darum kümmert, ob die Leute in Borrominis Kirchen glücklich waren.

Die Architektur ist Ihnen wichtiger als Ihre Auftraggeber?
Wenn ein Architekt nur die Wünsche seiner Auftraggeber erfüllt, dann ist er bestimmt kein großer Architekt. Dennoch bauen wir natürlich auch Kompromisse. Nicht alle Gebäude eignen sich dafür, etwas über die Möglichkeiten der Architektur auszudrücken. Ich wäre ja auch schön dumm, einen 400-Millionen-Euro-Auftrag abzulehnen. So puristisch bin ich nicht. Auch Shakespeare hat nicht nur gute Gedichte geschrieben, Bacon hat nicht nur gute Bilder gemalt. Selbst von Eisenman existieren reichlich schlechte Bauten.

Gibt es denn Aufträge, die Sie in jedem Fall ablehnen würden?
Ich mag keine Spektakelbauten. Ich glaube, das Zeitalter des Spektakels ist zu Ende. Die Zeit der Gehrys, Hadids und Calatravas ist abgelaufen. Angesichts des Terrors und der ungeheuren Fernsehbilder, die er produziert, kann die Architektur nicht länger ebenfalls auf Bilder setzen. In diesem Wettstreit wird sie nicht mithalten können.

Was also bleibt ihr?
Wir müssen nach einer neuen Synthese Ausschau halten. Nach einem neuen Geist, einem Geist, der anders ist als der, der uns die letzten 400 Jahre beherrscht hat und uns letztlich zu Auschwitz, Hiroshima und jetzt in den globalen Terror führte. Der Niedergang des Westens, von dem der Philosoph Spengler sprach, ist leider sehr real. Und da können wir auch in der Architektur nicht einfach so weitermachen wie bisher.

Was aber wäre für Sie eine Alternative?
Mich interessiert Piranesi sehr, die Schattenwelt seiner Gefängnisbilder. Mich interessiert das Dunkle, das Unbewusste, eine Architektur, die nicht überwältigt, sondern unterwältigt. Durch meine 20-jährige Psychoanalyse hat sich dieses Interesse deutlich verstärkt. Ich suche nach Formen, in denen sich das Unbewusste ausdrücken kann. Ich will es nicht unterdrücken.

Durch Ihre Analyse hat sich Ihre Architektur tatsächlich verändert?
Ja, früher habe ich nur weiße, rationale, streng geometrische Bauten entworfen. Als ich mit meiner Analyse begann, entdeckte ich auch für meine Häuser den Untergrund. Ich

Wexner Center for the Visual Arts, Columbus, Ohio, 1989

wollte das Präsente zurücktreten lassen, um Raum für das Absente zu schaffen. Kennen Sie die Geschichte von Narziss, der sein Spiegelbild im Teich sieht? Er sieht aber nicht nur sein Spiegelbild, er sieht auch in die Tiefe, und das heißt, er sieht ins Unbewusste. Ähnliches ist mir auch in meinen Bauten wichtig, um den Menschen begreifen zu können.

Aber wie können Sie ihn begreifen, wenn Sie Ihre Architektur zersplittern, zerlegen, zerbrechen?

Ich glaube, dass die Philosophie des Dekonstruktionismus eine moralische Verpflichtung ist. Ich glaube, dass ich ein moralischer Architekt bin, weil ich durch meine Architektur die Psyche des Menschen für das Unbewusste und Verdrängte öffne. So wie Wagner das in seinem »Ring des Nibelungen« getan hat, mit dem er die deutsche Seele für das Unbewusste öffnete. Mich fasziniert Wagner. Und vielleicht gelingt ja dem Mahnmal etwas Ähnliches wie seinen Opern. Dass möglicherweise die Dunkelheit hervorkommt, sodass das deutsche Volk mit der Verdrängung des Holocausts besser umgehen kann. Ich glaube, möglich wäre es.

Hört sich nach einer Art Metaphysik an. Das ist Ihnen doch sonst immer so suspekt.

Ja, das ist Metaphysik. Ich sage ja auch nicht, dass wir eine solche Idee ganz ausklammern. Ich sage nur, dass wir die übliche Metaphysik fallen lassen müssen, um ins Dunkle zu gelangen. Das ist es, was das Mahnmal versucht: Es schweigt, so wie ein Psychoanalytiker schweigt – auf dass wir in diesem Schweigen, in dieser Erhabenheit uns selbst als Fremde begegnen können. Das Mahnmal erlaubt uns, wieder über die verdrängten Dinge sprechen zu können. Zumindest hoffe ich das.

Ist für Sie also der Seelenforscher Jung am Ende genauso wichtig wie der Ideenforscher Derrida?

Ja, aber erst am Ende.

NORMAN FOSTER

LIEBE ARCHITEKTEN DER WELT, BITTE NEHMT EUCH SELBST NICHT SO WICHTIG

Wenn immer es geht, ist er sein eigener Pilot, ganz gleich ob er seinen Jet oder den Hubschrauber steuert. Norman Foster liebt das Fliegen, und er muss es auch lieben. Die Zahl seiner Projekte ist kaum noch zu überschauen, ständig ist er unterwegs nach Moskau, Abu Dhabi, Peking oder in eine der vielen anderen Städte, in denen er gerade plant und baut. Seit über 40 Jahren ist Foster, 1935 geboren, im Geschäft, er hat viele Rekorde gebaut, die größten, längsten und teuersten Gebäude der Welt, hat alle wichtigen Architekturpreise und Auszeichnungen gewonnen, wurde sogar zum Lord erhoben – und doch, sein Ruhm wächst noch immer. Mit einem Bürohaus in Ipswich und einem Flughafen in Stansted hat er schon früh in seiner Karriere Architekturgeschichte geschrieben, viele Bürohäuser und Flughäfen weltweit werden nach den von ihm entwickelten Ideen gebaut. Auch die ökologische Bauweise hat Foster vorangetrieben, nicht zuletzt durch seinen Commerzbank-Turm in Frankfurt und den Umbau des Reichstags in Berlin. Aber das alles wirkt fast bescheiden im Vergleich zu den Projekten, die er mit seinem Büro heute bearbeitet. Gigantische Hochhäuser soll er bauen, ganze Städte werden bei ihm in Auftrag gegeben, immer heißer scheint die Architekturmaschine Foster zu laufen. Doch als wir uns treffen, in einem Hotelgarten am Genfer See, der Himmel sommerblau, Kinder plantschen im Pool, da fällt alle Hektik von ihm ab. Als wäre er gerade im Strandurlaub, so sieht er aus, weiße Hose, weißes Polohemd, der Gürtel rosa und die Mokassins orange, dabei kommt er aus dem Büro, er arbeitet jetzt viel hier unten in der Schweiz, hier hat er sein Zuhause, hier lebt seine junge Familie.

Lord Foster, darf ich gleich eine naive Frage stellen?
Gern.

Wenn ich einmal auf die Idee käme, mir in Hamburg ein kleines Haus zu bauen, vier Zimmer vielleicht, 140 Quadratmeter, könnte ich Sie dann anrufen und Ihr Büro damit beauftragen?
(lacht) Das ist keine naive, das ist eine schwierige Frage.

Warum?
Weil ich jetzt sehr diplomatisch sein muss.

Heißt das, Sie geben mir einen Korb?
Bitte verstehen Sie mich nicht falsch, ich habe nichts gegen kleine Aufträge. Manche glauben ja, dass unser Büro nur Superlative bauen würde, nur Flughäfen, Brücken, Hochhäuser. Aber das stimmt nicht, wir entwerfen sogar Möbel oder Türklinken. Schauen Sie mal hier *(er klappt ein schwarzes Skizzenbuch auf)*, ich muss nur ein paar Seiten umblättern, schon sehen Sie, wie vielfältig die Dinge sind, mit denen ich mich beschäftige. Manche sind riesig, andere winzig.

Und warum dann nicht mein Hamburger Häuschen?
Wir bekommen einfach sehr, sehr viele Anfragen. Und wir können unmöglich all das machen, worum man uns bittet.

Auch nicht mit Ihren 1200 Mitarbeitern?
Auch mit denen nicht. Deshalb müssen wir auswählen, und meistens wählen wir Projekte aus, die uns ungewöhnlich erscheinen, durch die wir also etwas Neues entwickeln und entdecken können. Allerdings muss ich zugeben, dass ich mich für manche Aufträge vor allem aus persönlichen Gründen begeistere. Bei der New Yorker Public Library war das zum Beispiel so.

Was verbindet Sie mit der?
Das wusste ich auch erst nicht so genau. Ich fuhr nach New York und unterhielt mich mit dem Direktor und den Trustees darüber, wie sie das eindrucksvolle alte Gebäude umbauen wollten. Ich erfuhr, wie unglaublich beliebt die Bibliothek ist und sie auch in unserem digitalen Zeitalter weiterhin dringend gebraucht wird, weil sie so vielen Menschen einen Zugang zu Bildung und Wissen ermöglicht. Als ich dann nach London zurückkam, wurde mir klar, wie wichtig für mich selbst so eine Public Library einmal war, in meiner Jugend in Manchester. Vermutlich hat mich kein anderes Gebäude so sehr geprägt wie diese Bibliothek *(zeichnet mit einem Bleistift den Grundriss des Lesesaals)*.

Meinen Sie damit auch die Architektur dieses Gebäudes?
Indirekt schon, denn ich bin ja in einem sehr armen, heruntergekommenen Teil von Manchester aufgewachsen. Meine Eltern waren einfache Arbeiter, und auch sonst gab es in meinem Umfeld niemanden, der je auf die Idee gekommen wäre, eine Universität zu besuchen. Ich habe es wirklich dieser Bibliothek zu verdanken, dass ich zu dem

wurde, was ich heute bin. Erst dort habe ich die Architektur für mich entdeckt, Bücher über Frank Lloyd Wright zum Beispiel. Von denen kam ich gar nicht wieder los.

Die Bücherei als ein zweites Zuhause.
In gewisser Weise war das so. Und wissen Sie, was das Verrückte ist?

Sagen Sie.
Als wir mit den Planungen für den Umbau in New York begannen, stellte sich heraus, dass es eine weit tiefere Verbindung zwischen den Bibliotheken in Manhattan und in Manchester gibt, als ich dachte. Beide Gebäude verdanken sich den Spenden desselben Mannes, Andrew Carnegie. Sie sehen also, warum mir dieses Projekt am Herzen liegt.

Wie kam es denn, dass Sie als Kind so ein Büchernarr waren?
(lehnt sich zurück) Das frage ich mich auch manchmal. Man könnte meinen, ich sei einsam gewesen, aber das war ich nicht. Es war eher eine Art private Liebesaffäre, so muss man das wohl nennen. Im Unterricht kam Architektur nicht vor, es gab auch sonst niemanden, mit dem ich mich darüber hätte austauschen können. Und so war ich recht belesen, ohne es zu wissen. Ich las Henry-Russell Hitchcocks »In the Nature of Materials« oder »Toward an Architecture« von Le Corbusier. Obwohl, lesen ist fast das falsche Wort. Ich versank in diesen Büchern.

Blick in die Reichstagskuppel, Berlin, 1999

Wie alt waren Sie da?
Vielleicht 14, 15. Mit 16 war ich fertig mit der Schule.

Und Ihre Schulkameraden? Die lasen vermutlich Comics?
Natürlich, manche schon. Mein Flash Gordon war aber nun mal Frank Lloyd Wright.

Sie meinen, Sie lasen Architekturbücher wie Science-Fiction-Comics?
Für mich waren das Abenteuerbücher. Da öffnete sich eine Welt, die mir völlig fremd war, eine Welt der Utopie, wenn Sie so wollen, weit weg von Manchester. Und ich wollte weit weg. Leider fehlte mir das Geld, ich bekam auch keine Stipendien. Sie glauben gar nicht, was ich damals alles gemacht habe, um einigermaßen über die Runden zu kommen. Bei einem Bäcker habe ich gearbeitet, ich habe Möbel verkauft, einen Eiswagen gefahren, sogar in einer Disco hatte ich einen Job.

Als Discjockey?
(lacht) Nein, als Türsteher. Na ja, geschadet hat es mir wohl nicht, jedenfalls entwickelte ich damals das starke Bedürfnis, es irgendwann einmal allen zu zeigen. Ich wollte da raus, und zumindest mit dem Fahrrad bin ich auch oft rausgefahren. Das Fahrrad war für mich sehr befreiend. Bis heute liebe ich das Radfahren, genauso übrigens wie das Fliegen.

Und wohin sind Sie gefahren?
Ich bin meiner Manie hinterhergeradelt, könnte man sagen. Ich habe mir Häuser angesehen, ich war auf der Suche nach schönen Gebäuden. Das Daily Express Building hat mich zum Beispiel sehr begeistert, aus den dreißiger Jahren, wunderbar gekurvt mit schwarzem Glas. Aber nicht nur die klassische Architektur hat mich interessiert, ich habe mir auch ganz einfache Bauten genau angesehen, Scheunen oder Windmühlen. Mit der Zeichnung von so einer Windmühle habe ich dann sogar einen Preis gewonnen.

Was war das für ein Preis?
Es gab eine Silbermedaille des Royal Institute of British Architects. Nur selten habe ich mich so gefreut wie über diesen Preis damals, das können Sie mir glauben. Ich hatte mit dem Studium begonnen, und wir sollten, so wie in jedem Sommer, ein Gebäude zeichnen, und zwar so exakt, dass ein anderer es hätte nachbauen können, nur anhand der Maße. Na ja, zum Glück hat das niemals jemand versucht. Jedenfalls war es üblich, dass man sich für diese Aufgabe ein altes, ehrwürdiges Gebäude aussuchte, georgianische Wohnhäuser, so etwas. Ich war, glaube ich, der erste Student, der das in Frage gestellt hat. Ich habe Gebäude gezeichnet, die gar nicht als Architektur galten, die Windmühle zum Beispiel. Und vermutlich wäre ich damit bei den Professoren durchgefallen, hätte ich nicht den Preis bekommen. 100 Pfund waren das, für mich eine wahnsinnige Summe!

Was haben Sie damit gemacht?
Ich habe sie sofort für eine Reise ausgegeben. Ich bin nach Skandinavien gefahren, weil ich mir die sozialen Projekte dort anschauen wollte. Damals habe ich mir auch die Häuser von Jørn Utzon angesehen, lange bevor er in Sydney die Oper baute. Und dann natürlich Italien. Vor allem die Plätze hatten es mir angetan, die öffentlichen Räume. Die habe ich analysiert, den Campo in Siena habe ich ausgemessen, in Verona den Hauptplatz und vieles mehr. Meine Kommilitonen fanden das, glaube ich, ziemlich albern.

Warum das?
Das ist doch heute noch so. Viele Architekten interessieren sich für Architektur und nur für Architektur. Die müssen das Wort Infrastruktur nur hören, schon zucken sie zurück. Das sollen gefälligst die Stadtplaner machen, sie selbst wollen damit nichts zu tun haben. Doch was wären wir ohne Infrastruktur? Das kann jeder an sich selbst beobachten: Wenn Sie von Hamburg nach Genf reisen, weil wir uns hier verabredet haben, was bestimmt denn dann Ihren Eindruck von der Stadt? Vor allem doch wohl die Art und Weise, in der Sie sich durch den städtischen Raum bewegen, ob es in diesem Raum laut ist, ob es stinkt oder ob Sie sich eingeladen fühlen. Auf die Architektur kommt es da erst einmal nicht so sehr an.

Wollen Sie etwa sagen, die Architekten nehmen sich selbst zu wichtig?
Genau *(beugt sich vor zum Mikrophon)*. Liebe Architekten der Welt, könnt ihr mich hören? Bitte nehmt euch selbst nicht so wichtig! *(lacht)*

Gilt das auch für Sie selbst? Ihre Architektur ist ja nicht gerade dafür bekannt, besonders bescheiden zu sein.
Ich warne nur vor Überheblichkeit. Es gibt viele Dinge auf der Welt, die wichtiger sind als Architektur.
Das heißt allerdings nicht, dass ich mich von meinen architektonischen Ansprüchen verabschieden würde. Wenn ich zum Beispiel in London die Millennium Bridge baue, dann ist es für mich schon von Bedeutung, wie sie aussieht, wie sie konstruiert ist. Aber viel entscheidender als das Aussehen oder die Konstruktion ist doch, dass jährlich sieben Millionen Menschen über diese Brücke gehen und dass damit beide Stadtteile, die sie verbindet, ungeheuer belebt werden. Das ist es, was ich meine. Um diese Art von Infrastruktur geht es mir.

Heißt das, Technik geht Ihnen vor Gestaltung?
Warum wollen Sie das eine gegen das andere ausspielen? Der technische Fortschritt war für die Architektur immer schon wichtig, das ist schon seit Stonehenge so. Und Infrastruktur ist für den Stadtkörper nun mal das Skelett, und was wäre ein Körper ohne Skelett? Umgekehrt braucht das Skelett natürlich Fleisch und Haut und Haare, eine attraktive äußere Erscheinung. Mit einem Wort: gute Architektur.

Gute Architektur, was würden Sie darunter verstehen?
Darauf gibt es natürlich viele Antworten, jeder hat da seine eigenen Ansichten. Mir gefällt vor allem Architektur, die klar ist, offen und hell.

Könnte man auch sagen: kühl, sachlich und glatt?
Ich weiß schon, worauf Sie anspielen. Es gibt Kritiker, die meine Gebäude zu nüchtern finden. Aber das verstehe ich nicht. Mir gefallen die Weite, die Transparenz, ich möchte die Sonne hereinlassen – und was sollte daran glatt und kühl sein? Außerdem stört es mich auch, wenn so getan wird, als sei Architektur vor allem eine Frage der Ästhetik. Natürlich ist Ästhetik wichtig, aber sie ist ja kein Selbstzweck, kein Wert an sich.

Welchen Wert hat sie denn dann?
Es geht mir schon immer auch um die soziale Dimension. Es geht um eine menschliche Architektur.

Sagt das nicht jeder Architekt, ganz gleich, was und wie er baut?
Das mag sein, mir ist es aber sehr ernst damit. Und wir haben das oft erlebt, wie sehr ein Gebäude das Leben von Menschen verändern kann. Denken Sie zum Beispiel an die Schulen. Wenn Schüler aus einem dunklen Gebäude ausziehen und in einen gut gestalteten Neubau übersiedeln, dann kann das nicht nur ihr Verhalten verändern, es kann auch dazu führen, dass sich ihre Leistungen verbessern.

Haben Sie das selbst beobachtet?
Dazu gibt es sogar zahlreiche Studien. Nun will ich damit nicht sagen, dass die Architektur etwas Magisches wäre, so ein Zauberding, das den Menschen verwandelt. Sie ist immer nur eine Komponente, aber keine unwichtige. Ein kluger Grundriss kann es

zum Beispiel möglich machen, dass neue Unterrichtsmethoden ausprobiert werden können. Aber es fängt oft schon bei der Atmosphäre an. Wenn es keine dunklen Korridore mehr gibt, in die jemand hineingejagt werden kann, und auch sonst keine Räume, die einschüchternd oder bedrängend wirken, dann fühlen sich die Schüler viel wohler, viel freier. Und das hat natürlich Auswirkungen auf das Lernen, das ist wissenschaftlich bewiesen.

Lassen Sie sich von solchen Studien bei Ihren Entwürfen leiten?
Wir schauen uns diese Studien jedenfalls sehr genau an. Außerdem bringt ja jeder von uns seine eigenen persönlichen Erfahrungen mit, zum Beispiel wenn es darum geht, ein Krankenhaus zu bauen. Das wird doch niemand bestreiten, dass man in einem Zimmer mit schöner Aussicht sehr viel schneller wieder gesund wird. So habe ich es jedenfalls selbst erlebt.

Gute Architektur wäre also eine, die sich nach den Erfahrungen des Menschen richtet.
Im 20. Jahrhundert wollten Architekten den Menschen neu erfinden, und ich glaube, das war ein Irrweg. Man muss weder den Menschen noch die Architektur unbedingt neu erfinden, oft reicht es, wenn man sich einmal anschaut, wie ungeheuer reich und vielfältig die Bauten sind, die im Laufe der Jahrtausende errichtet wurden. Diese Erfahrung mache ich immer wieder, zum Beispiel wenn ich hier im Engadin mit dem Fahrrad unterwegs bin. Da gibt es in vielen der Dörfer, durch die ich komme, keine gerade Straße, oft ist es sogar so, dass man durch ganz enge Kurven fahren muss und man nur durch Spiegel erkennen kann, ob einem gerade einer entgegenkommt. Das finden die Touristen sehr schön, aber es gibt auch einen sehr praktischen Nutzen. Denn so kann der Wind nicht direkt durchs Dorf pfeifen. Man könnte sagen, das ist wie bei Feng Shui, nur eben auf Schweizer Art. Und von solchen Modellen kann man lernen, man kann sich von der Geschichte vieles abgucken.

Da spricht Lord Foster, der Traditionalist.
(lacht) Wer weiß, vielleicht bin ich ja wirklich ein Traditionalist. Ich will aus der Geschichte lernen, genauso wie ich von anderen Kulturen oder von der Natur lernen will, ich weiß nicht, was daran falsch sein sollte. Allerdings käme ich nicht auf die Idee, die Formen der Vergangenheit einfach zu kopieren. Warum sollte ich das tun, das haben frühere Zeiten ja auch nicht gemacht, die haben immer einen Ausdruck für ihre Zeit gesucht. Außerdem sind heute unsere Bedürfnisse andere, zum Beispiel wollen wir schneller vorankommen. Und für Autos sind die alten, engen Städte nun mal leider nicht geschaffen.

Deshalb wurde die autogerechte Stadt erfunden – mit den bekannten Folgen.
Aber diese Stadt hat sich ja auch überlebt, das erleben wir doch gerade. Natürlich, das Auto hat unsere Städte komplett verändert, plötzlich konnte man weit draußen wohnen und die Landschaft wurde zersiedelt. Aber das Auto wird an Bedeutung verlieren, wir müssen wegkommen vom Öl, wegkommen von Transportmitteln, die dem Klima schaden. Und das heißt in der Konsequenz: Unsere Städte werden sich wiederum verändern. Wir erleben einen Epochenwechsel, ohne Zweifel.

Noch ist davon aber nicht gerade viel zu sehen, oder?
Nein, Sie täuschen sich nicht. Aber das liegt vor allem daran, dass wir hier in Europa und auch in den USA furchtbar lahm sind in unserem Denken. Aber schauen Sie sich an, was im Nahen Osten passiert, in Abu Dhabi zum Beispiel. Dort bauen wir gerade Masdar, die erste CO2-neutrale Stadt der Welt, für über 50000 Bewohner. Die Verantwortlichen dort sind ungeheuer schlau, die warten nicht, bis ihnen das Öl ausgeht, die fangen heute damit an, für eine Zukunft ohne Öl zu planen. Stellen Sie sich vor, schon 2018 soll die Stadt stehen. Das ist ungefähr so, als wollten wir in zehn Jahren den Mond besiedeln.

Aber die Pläne stehen?
Nein, wir wissen weiterhin nicht, wie wir das hinbekommen werden. Viele technische Lösungen müssen wir erst noch entwickeln, wir brauchen neue intelligente Materialien, ein neuartiges Glas zum Beispiel, das nicht nur gut isolierend wirkt, sondern auch noch wie eine Solarzelle funktioniert und Energie produziert. Vor allem ist es aber auch bei diesem Projekt wichtig, möglichst viel aus der lokalen Bautradition zu lernen.

Gibt es denn diese Tradition überhaupt noch?
Vieles ist bereits verloren, da haben Sie recht. Auch dort regiert das Auto, und die Bauvorschriften verbieten es, die Straßen so eng zu bauen, wie sie einst gebaut wurden. Aber die Vorteile dieser sehr dichten Bauweise sind nicht zu übersehen. In den Innenhöfen einer traditionellen Stadt liegen die Temperaturen oft unter 50 Grad.

Nicht gerade sehr angenehm.
Nein, nein, das ist sehr angenehm im Vergleich zu den Temperaturen in der Wüste, wo es oft an die 67 Grad heiß ist. Wir müssen also sehen, wie wir es schaffen, mit Höfen und Windtürmen und Wasser die natürliche Kühlung zu nutzen. Und wir müssen überlegen, welche Alternativen wir zum Auto anbieten können. Nur so können wir unser Ziel erreichen: eine Stadt, die ihren eigenen Strom, ihr eigenes Wasser produziert und ohne fossile Brennstoffe auskommt.

Aber das Auto ist nicht nur ein Transportmittel, es ist vor allem ein Fetisch.
Das darf es ja auch ruhig bleiben, ich will das Auto ja nicht abschaffen. Aber ich beobachte schon heute, dass es für viele Menschen der größte Luxus ist, nicht mit dem Auto fahren zu müssen. Es ist ein Luxus, alles zu Fuß erreichen zu können, den Obsthändler, den Arzt, das Kino. Deshalb sind ja die Lagen in der Innenstadt oft ungeheuer begehrt, in London zum Beispiel Notting Hill oder Chelsea. Sie sind sogar so begehrt, dass die Wohnungen für die meisten Menschen unerschwinglich sind, obwohl sie dort gerne leben würden.

Und das heißt?
Wir müssen die Regeln neu bestimmen. In allen Städten der Welt ist der Energieverbrauch dort am niedrigsten, wo die Wohndichte am höchsten ist. Zugleich sind die dichten Stadtquartiere oft so beliebt, dass sie sich viele nicht leisten können. Warum also sollten wir nicht mehr von diesen dichten Quartieren bauen, erschwinglich und energiesparend zugleich?

Russia Tower, Moskau, 2005

Beliebt sind die Quartiere aber vor allem deshalb, weil es gewachsene Quartiere sind, es gibt viele kleine Läden und Kneipen, und die Architektur ist meist alt. Kann man so etwas nachbauen?
Das ist ein wichtiger Aspekt *(lehnt sich zurück und schweigt lange)*. Ich überlege gerade, ob es nicht auch Beispiele dafür gibt, dass dicht bebaute Stadtteile der Gegenwart gut angenommen werden. Gar nicht so einfach.

Vielleicht liegt das daran, dass sich große Hochhausprojekte leichter einprägen?
Das mag sein.

Sie haben ja schon oft riesige Hochhäuser gebaut. Zerstören Sie damit nicht die kleinteiligen Stadtstrukturen, die Sie sich eigentlich wünschen?
Nein, das stimmt so nicht. Schauen Sie sich zum Beispiel unseren Russia Tower in Moskau an. Dort wird genau das realisiert, wovon ich eben gesprochen habe. Eigentlich ist dieser Turm ein kleines Stadtquartier mit allem, was dazugehört, mit Wohnungen, Hotels, Büros, einem Kino und Läden und Gärten. Nur ist es eben ein vertikales Stadtquartier. So einen Turm kann man nicht überall bauen, das ist schon richtig. Aber in vielen Teilen der Welt geht es gar nicht anders als mit Hochhäusern.

Warum das?
Weil wir im Moment eine gewaltige Urbanisierungswelle erleben, die noch weit größer ist als die des 19. Jahrhunderts. Allein in China werden in den nächsten zehn Jahren über 400 neue Flughäfen gebaut. Wir müssen verhindern, dass die Zersiedelung weiter fortschreitet, schon wegen des Klimawandels kann es nicht sein, dass unser Lebensmodell mit den vielen kleinen Einfamilienhäusern überall kopiert wird. Deshalb brauchen wir Dichte, wir brauchen Hochhäuser, die ein grünes, menschenfreundliches Leben in der Höhe ermöglichen. Und technisch lässt sich das ja durchaus machen, das haben wir in vielen Projekten gezeigt, denken Sie nur an den Commerzbank-Turm in Frankfurt. Viele unserer Gebäude sparen Energie, und sie schaffen ein viel angenehmeres Arbeits- und Wohnklima. Auch da hat unsere Architektur eine technische Dimension und eine soziale Dimension.

Und eine sportive Dimension.
Eine sportive Dimension?

Ich meine das Höher, Größer, Weiter. Sie haben immer wieder Gebäude von extremen Ausmaßen entworfen.
Das kann ich nicht leugnen *(lacht)*. Ich liebe nun mal die Herausforderung, ich liebe das Risiko.

Und Ihr sportlicher Ehrgeiz ist auch nicht gerade unterentwickelt.
Ich bin in diesem Jahr wieder beim Engadin Skimarathon mitgelaufen, das hat mir wirklich sehr großen Spaß gemacht. Es war ein starkes Läuferfeld, ich habe mich aber, glaube ich, ganz gut gehalten. Das ist ein Vorteil, wenn man hier in der Schweiz lebt, man hat die Berge, man hat den Schnee. Auch wenn ich Radfahren will, muss

ich nur mein Fahrrad aus dem Haus holen, und los geht's. In London ist das viel mühsamer: erst ins Auto, dann eine Stunde fahren, dann aufs Rad, dann wieder eine Stunde im Auto.

Die dicht bebaute Stadt hat also nicht unbedingt nur Vorteile.
Trotzdem möchte ich auch London nicht missen. Ich lebe hier und dort, ich bin viel unterwegs, oft bin ich in einer Woche auf zwei, drei Kontinenten unterwegs. Mir gefällt das, ich liebe das Fliegen. Schon als Kind war ich von Modellflugzeugen begeistert.

Heute fliegen Sie Ihr eigenes Flugzeug, Sie bauen Flughäfen, Sie haben sogar einmal gesagt, das schönste Stück Architektur, das Sie kennen, sei eine Boeing 747.
Ach, das war bei so einer Umfrage. Auch viele Kollegen wurden damals befragt, und alle hatten sich für irgendeine Kirche oder für ein Museumsgebäude entschieden. Da musste ich einfach ein bisschen sticheln.

Aber vermutlich ist es kein Zufall, dass Ihre Architektur einiges von der Flugzeug-Ästhetik aufnimmt.
Die romantische Idee vom Fliegen, die lässt mich nicht los. Das Flugzeug, dieser Körper im Raum, scheinbar schwerelos, unabhängig von allem, ganz und gar sein eigenes System, mit eigenem Wasser, sogar mit eigener Luft, das fasziniert mich. Und dann dieses Gefühl, dass sich dort oben eine größere Perspektive auftut. Einige der eindrucksvollsten Bücher, die ich kenne, zeigen alle die Erde aus der Luft, der Blick auf die Welt verändert sich. Das gefällt mir.

Und inwieweit spiegelt sich das in Ihrer Architektur?
Hm, eine schwierige Frage. Vielleicht könnte man sagen, dass meine Bauten auch den weiten Blick erlauben, dass sie dazu einladen, ins Offene zu schauen. Da fällt mir die Geschichte von Constantin Brancusi und Marcel Duchamp ein, kennen Sie die?

Nein.
Die beiden gingen gemeinsam zu einer Flugschau. Bis dahin hatte Brancusi, der aus Rumänien stammte, meist Skulpturen aus Holz gemacht, sehr stämmig, sehr erdverbunden. Dann sah er die glänzenden Propeller aus Metall, wie sie im Sonnenlicht blitzten, und das veränderte ihn über Nacht. Er entwarf die wunderbarsten Metallskulpturen, weich und gleitend, nur noch der Sockel war sehr rumänisch.

Brancusi, Ihr Bruder im Geiste?
Unbewusst auf jeden Fall. Und natürlich versuche ich, meine Gebäude so leicht und schwebend wie möglich zu entwerfen. Deshalb faszinieren mich auch Flughäfen wie in Hongkong oder in Peking, weil da Architektur und Fliegerei zusammenfinden.

Ob nun diese beiden Flughäfen, ob der Riesenturm in Russland oder die Ökostadt in Abu Dhabi – viele Ihrer Auftraggeber stammen nicht aus dem Westen. Sie bauen für undemokratische Regime. Warum tun Sie das?
Warum sollte ich das nicht tun? Es eröffnen sich dort ungeahnte Möglichkeiten, es

Terminal T3B, Flughafen Peking, 2008

wird radikal gedacht und radikal entschieden. Dort dauern Entscheidungen, für die man bei uns zehn Jahre braucht, höchstens zehn Monate.

Gerade im Fall China haben sich einige Ihrer Kollegen, Daniel Libeskind zum Beispiel, aus moralischen Gründen dafür entschieden, dort keine Aufträge anzunehmen.
Wissen Sie, die Welt ist nicht so schwarz und weiß, wie es manche gern hätten. Viele Länder, die einstmals strenge Diktaturen waren, erleben im Moment eine ungeheure Umwälzung, es entwickelt sich ein Prozess der Öffnung. Und ich finde, dass man diesen Prozess befördern muss. Wie will man das aber machen, wenn man die Rollläden runterlässt? Was mir bei der ganzen Diskussion nicht behagt, ist die Arroganz vieler Kritiker hier im Westen. Als hätten wir nicht auch Jahrhunderte gebraucht, um unsere Demokratien zu entwickeln. Als wären wir Heilige, als gäbe es nicht auch bei uns Verstöße gegen die Menschenrechte, in Guantánamo zum Beispiel. Die Frage nach der Moral ist eben in Wirklichkeit eine ungeheuer komplizierte Frage.

Wo würden Sie denn für sich die Grenze ziehen? Könnten Sie sich vorstellen, im Auftrag der chinesischen Regierung ein neues Mausoleum für Mao zu entwerfen?
Nein, das kann ich mir nicht vorstellen. Aber auch im Westen nehme ich manche Aufträge aus moralischen Gründen nicht an. Zum Beispiel wollte das britische Filminstitut, dass wir für sie ein Archivgebäude errichten. Doch hätte das wegen bestimmter Chemikalien eine nicht geringe Explosionsgefahr mit sich gebracht, und weil das Grundstück für das Gebäude an einige Wohnhäuser grenzte, schien uns das keine gute Idee zu sein.

Und ist der Bau von Flughäfen für Sie auch eine moralische Frage?
Warum sollte es?

Sie plädieren für ökologisches Bauen, Sie wollen dem Klimawandel vorbeugen – da müssten Sie doch eigentlich ein Feind der Flughäfen sein.
Ich glaube, dafür liebe ich das Fliegen zu sehr.

Aber wird es in 20 Jahren nicht ohnehin zu Ende sein mit der Vielfliegerei, spätestens dann, wenn das Kerosin knapp wird? Was passiert dann mit den vielen Flughäfen?
Ach, das sind dann tolle Grundstücke, auf denen man die Städte der Zukunft bauen kann *(lacht)*. Aber wer weiß schon, was in 20 Jahren sein wird. Vielleicht haben wir bis dahin ganz neue Motoren entwickelt oder ganz andere Arten von Treibstoff.

Sie bleiben Optimist?
Natürlich, als Architekt muss man Optimist sein. Ohne Optimismus könnte ich gar nicht bauen. Und ich hoffe, dass meine Architektur auch eine Architektur des Optimismus ist. Dass sie etwas Lichtes, etwas Erhebendes ausstrahlt.

Vielleicht könnte man auch sagen, es ist eine Architektur des Aufsteigens, des Wegkommens. Gibt es für Sie auch eine Architektur des Ankommens?
Es gibt für mich viele Orte, an denen ich ankommen kann. Ich lebe mit meiner Familie in London, in Madrid, in St. Moritz oder hier am Genfer See.

Und Heimat, gibt es die für Sie auch?
Oh ja, meine Heimat ist hier, in der Schweiz.

Was genau ist denn für Sie Heimat?
Ich glaube, Heimat ist dort, wo die meisten Bücher sind. Außerdem lebt hier meine Familie, hier gehen die Kinder zur Schule. Die Schweiz ist ein großartiges Land, so viele Sprachen werden hier gesprochen und man kann von einer zur nächsten wechseln, wie es einem gerade gefällt. Meine beiden Kinder sprechen neuerdings Deutsch miteinander, und finden es natürlich sehr lustig, wenn ich sie nur bruchstückhaft verstehe.

Und haben Sie den Eindruck, dass die Schweiz mit ihrer Bodenständigkeit Ihre Architektur verändert – sozusagen ein umgekehrter Brancusi-Effekt?
Verändert? Bei der Chesa Futura in St. Moritz habe ich mit Schindeln gearbeitet, aus Lärchenholz. Das hätte ich mir vor ein paar Jahren nicht träumen lassen. Und doch, wissen Sie, so schrecklich viel wird sich nicht verändern. Ich bin ein globalisierter Mensch und ich werde es bleiben.

Hearst Tower, New York, 2006

FRANK GEHRY

VIEL MEHR ALS VON DEN BILDHAUERN HABE ICH VON DEN MALERN GELERNT

Wir setzen uns in die letzte Reihe, und stolz lässt Frank Gehry seinen Blick schweifen. Über die bunten Sitze, die warme Holzvertäfelung, die irrwitzige Orgel – endlich ist sie fertig, seine Disney Concert Hall in Los Angeles. Auch wenn während unseres Gesprächs immer wieder der Feueralarm losplärrt, weil der noch getestet wird – nichts kann Gehry heute die gute Laune verderben. Er lacht, auch wenn man nicht recht weiß, worüber, und setzt die Baseball-Kappe ab. Lange hat es gebraucht, bis dieser Bau stand, lange auch, bis Gehry zu dem wurde, was er heute ist. 1929 in Toronto geboren, als Sohn jüdischer Emigranten aus Polen, der erst Goldberg hieß, dann 1962 sein erstes Büro unter dem Namen Gehry aufmachte, sich mit Claes Oldenburg, Richard Serra und anderen Künstlern anfreundete, ansonsten aber eher ein Außenseiter war. So blieb ihm auch gar nichts anderes übrig, als seine Ästhetik des Zersplitterns und Zusammenbastelns, die heute so bekannt und beliebt ist, zunächst an seinem eigenen Haus in Los Angeles zu erproben, in dem er bis heute lebt. Zu Weltruhm gelangte er 20 Jahre später, Ende der neunziger Jahre, mit dem Guggenheim Museum in Bilbao. Heute gilt Gehry neben Frank Lloyd Wright und Philip Johnson als einer der bekanntesten amerikanischen Architekten des 20. Jahrhunderts.

Herr Gehry, kein anderer Architekt ist derzeit populärer als Sie. Zugleich schlägt Ihnen sehr viel Skepsis entgegen. Woran liegt das?
Na ja, es gibt ein paar Kollegen, denen ich wohl unheimlich bin. Darum kümmere ich mich aber nicht weiter.

Fürchten sich die Kollegen?
Sie mögen es nicht, wenn einer aus der Art schlägt. Alles soll möglichst rational und abgeklärt sein, normal eben. Und wenn einer kommt wie ich, einer, der seine Häuser eher als multiple Persönlichkeiten begreift, dann wird er halt attackiert.

Ihre Bauten seien selbstsüchtig und eitel, heißt es dann.
Wer so etwas sagt, schaut nicht genau genug hin. Es ist mir immer sehr wichtig, ein guter Nachbar zu sein. Alle meine Gebäude gehen eine Beziehung zu ihrem Umfeld ein, sie versuchen, eine Verständigung aufzubauen, und stellen sich nicht einfach plump in die Gegend. Wissen Sie, ich bin mit dem Talmud aufgewachsen und habe schon als Baby die goldene Regel gelernt, dass man immer so handeln soll, wie man es von anderen erwartet. Und dieses Prinzip spiegelt sich auch in meinen Bauten wider.

Es sind aber reichlich schräge Nachbarn, auf Anpassung sind sie nicht gerade bedacht.
Nein, es sind keine Anpasser, gleichwohl nehmen sie Rücksicht auf die Umgebung. Bei meinem Düsseldorfer Projekt zum Beispiel habe ich darauf geachtet, dass möglichst keinem anderen Anrainer der Blick auf den Rhein versperrt wird. Ich habe extra keinen monolithischen Riegel, sondern drei Türmchen entworfen, damit Zwischenräume und Sichtachsen frei bleiben. Dennoch ist mir ein eigener, starker Auftritt wichtig, gerade bei einem Kunstmuseum oder einer Konzerthalle. Deshalb unterwerfe ich meine Bauten nicht dem kleinkarierten Denken, das in der Architektenschaft so verbreitet ist.

Was meinen Sie damit?
Viele Kollegen scheuen das Eigenständige und verstecken sich deshalb hinter dem vermeintlich Rationalen, hinter Geldproblemen, Terminplänen oder technischen Tüfteleien. Sie wollen jede Entscheidung objektivieren. Doch eine solche Objektivität gibt es nicht. Wer mit Formen und Materialien zu tun hat, wer ein Gestalter sein will, der wird sich auf keine höhere Instanz berufen können. Er muss selbst entscheiden, muss seiner Intuition vertrauen, muss spielen.

Ist dafür das Bauen nicht eine viel zu ernste und zu teure Sache?
Das dachte ich auch lange. Ich musste erst mühsam lernen, meiner Intuition, meinem inneren Kind zu vertrauen. Ein guter alter Freund von mir, der als Psychologe arbeitet, hat mich ermutigt, mehr auf mein Inneres zu hören und die Architektur nicht als Ordnungsmacht zu begreifen. Ich weiß, in Ihrer Hauptstadt, in Berlin, sehen das viele Architekten anders, deren Häuser müssen strammstehen. Aber zum Glück haben Sie ja auch Leute wie Günter Behnisch, ein toller Typ, wirklich eindrucksvoll. Schade, dass es nicht viel mehr Bauten von ihm gibt.

Walt Disney Concert Hall, Los Angeles, Kalifornien, 2003

Sie haben es leichter mit der Lockerheit, hier unter kalifornischer Sonne.
Das mag sein. Trotzdem verstehe ich nicht, warum sich viele Kritiker so aufregen. Statt gesichtslose Architektur zu verurteilen, schimpfen sie über die Eigentümlichkeit meiner Bauten. Offenbar bevorzugen sie das massentaugliche Mittelmaß. Mir kommt das undemokratisch vor.

Undemokratisch?
Ja, diese Gleichmacherei ist sehr antiamerikanisch und unpatriotisch. Man soll Leute mit Talent nicht abdeckeln, man soll sie ermutigen, das Beste aus sich herauszuholen, etwas ganz Eigenes zu entwickeln. Der Pluralismus ist doch unsere Stärke, und er steckt auch in meinen Bauten. Ich mag es, wenn man ein Haus auf sieben Millionen Arten interpretieren kann. Dafür darf es aber nicht so stumpf und steif dastehen wie das Parthenon oder sonst ein griechischer Tempel.

Würden Sie denn Ihre eigenen Bauten als besonders demokratisch bezeichnen?
Ich bilde mir gerne ein, dass sie etwas mit Demokratie zu tun haben. Zumindest wollen sie nicht ausgrenzen. Die neue Konzerthalle für Los Angeles zum Beispiel, die Disney Concert Hall, habe ich so geplant, dass sich niemand durch zu viel Pathos und Würde abgeschreckt fühlen muss. Auf vielen Wegen kann man sich dem Gebäude nähern: über den ebenerdigen Eingang oder über die vielen Treppen, die einen dazu einladen, das Haus zu beklettern. Oben dann gibt es einen schönen Garten, offen für jedermann. Die Architektur soll so etwas wie Gemeinschaft stiften, auch im Inneren. Ich habe versucht, die Hierarchien aufzuheben, alle sollen gut sehen und gut hören können, selbst auf den billigsten Plätzen. Und alle Zuschauer können sich gegenseitig wahrnehmen und beobachten, sie sitzen wie auf einem Weinberg um das Orchester herum, die Musik wird hier zu einem Ereignis, das von allen geteilt wird. Solche Orte sind in unserer Demokratie, die unter Leuten wie George W. Bush ziemlich zu leiden hat, nicht unwichtig. Also, wenn es gut geht, kann die Konzerthalle eine sanfte demokratisierende Wirkung haben.

Und wenn Sie in einem arabischen Land bauen, wie bald in Qatar, exportieren Sie dann dieses Demokratiemodell? Soll am Ende die ganze Welt eine Gehry-Welt sein?
Das steht ja nicht zu befürchten. Die Leute bauen doch eh weiterhin ihren Architekturmüll, und meine paar Bauten werden daran nichts ändern. Mir geht es aber auch gar nicht um ein neues Dogma, ich will niemandem vorschreiben, wie er zu bauen und zu leben hat. Meine Bauten sollen niemanden unterwerfen. Wenn Albert Speers Nazi-Bauten stark waren, dann sind meine Bauten schwach. Sie treiben die Leute nicht in die Enge, sie sind gelöst und erlauben jedem seinen eigenen Zugang, sie sind *forgiving*. Etwas anderes könnte ich auch gar nicht planen.

Warum nicht?
Es entspräche nicht meinem Gemüt. Sehen Sie, das beginnt schon beim Entwerfen. Jedes Mal, wenn ich mit einem neuen Auftrag beginne, spüre ich eine große Hilflosigkeit. Ich habe Albträume, dass mir das Projekt nicht gelingen wird, ich hadere mit mir selbst, fast wie bei meinem ersten Auftrag. Ich nenne das meine gesunde Verunsicherung. Die brauche ich, um genau hinzusehen, um zu spüren, worauf es tatsächlich ankommt. Wenn ich zu sehr von mir selbst eingenommen wäre, würde ich wohl immer das Gleiche bauen.

Dennoch ähneln sich Ihre Bauten durchaus. Sie haben etwas Labiles, auch etwas Verletzliches und Vorläufiges. Ihre Disney Hall etwa wirkt im Inneren so, als seien alle Einzelteile so locker zusammengefügt, dass ein Riesenkind sie jederzeit auseinandernehmen könnte, um etwas Neues daraus zu formen. Alles ist luftig, nicht hermetisch. Ich frage mich, warum das so ist.
Na ja, diese offenen Systeme, die Sie beschreiben, entspringen schon einem Lebensgefühl. Vielleicht rühren sie auch daher, dass ich in meinem Leben viel Verunsicherung erlebt habe und oft von Neuem beginnen musste. Ich bin ja als Jude aufgewachsen.

Praktizieren Sie Ihren Glauben?
Heute bin ich Atheist, und am liebsten wäre es mir, wenn die Religion weltweit abgeschafft würde, sie stiftet nichts als Unheil und Kriege. Nur meiner Frau zuliebe gehe ich in die Kirche, zu den Katholiken. Doch trotz all meiner Abneigung werde ich mein Judentum natürlich nicht los, ich bleibe gebrandmarkt. Sein Leben lang gehört man dazu, sein Leben lang hat man Angst.

Wovor?
Viele meiner Vorfahren, die aus Polen stammten, sind durch den Holocaust umgekommen. Und als Jude, der ich bin und doch nicht bin, geistert auch mir durch den Kopf, dass jederzeit ein Hitler vorbeikommen und einen in den Ofen stecken kann. Vielleicht liegt das auch daran, dass ich als Kind in Toronto immer von meinen Mitschülern gehänselt worden bin, sie sahen in mir nur den Juden, den Jesusmörder, und haben mich verspottet. Wie Sie sehen, ich bin geprägt, und meine Bauten sind es vermutlich auch.

Ähnlich scheint es auch Daniel Libeskind und Peter Eisenman zu ergehen. Auch sie sind jüdischer Abkunft, auch sie bauen an einer aufgebrochenen, zersplitterten Architektur. Gibt es da eine innere Verwandtschaft?
Das müssen Sie einen anderen fragen. Mit den beiden habe ich nichts zu schaffen. Ich weiß nur, dass ich an eine heile und gradlinige Welt nicht glauben und sie auch nicht bauen kann. Dafür sind bei mir die inneren Zweifel viel zu groß, Zweifel, die sicherlich auch mit meiner Geschichte zu tun haben. Der Talmud fordert einen ja sogar dazu auf, alles in Frage zu stellen. Das erste Wort dort heißt: Warum? Und dies Warum begleitet mich mein Leben lang, auch in meiner Architektur. Außerdem war ich schon als Kind sehr fasziniert vom Vorlesen der Tora, diesem Ritual, wo die alten Männer mit einem kleinen Silberfinger die Seiten entlangfahren. Da geht es ja nicht nur um den geschriebenen Text, sondern auch um das Ungeschriebene, um das, was zwischen den Zeilen steht.

Etwas von diesem Unbestimmten, dem Uneindeutigen, scheint mir auch in Ihrer Architektur zu stecken.
Schon möglich.

Mir kommt es so vor, als wollten Ihre Bauten beides sein: fremd und assimiliert, andersartig und dazugehörend.
Na ja, als ich mit der Architektur anfing, wollte ich vor allem dazugehören. Es ging mir vor allem um Macht. Durch einen Lehrer, bei dem ich Töpfern gelernt hatte, lernte ich einen Architekten namens Raphael Soriano kennen, einen sagenhaften Typen mit schwarzem Anzug und schwarzer Krawatte, der immer nur in Kommandos sprach: »Der Stahlträger kommt dorthin, das Fenster pack hierhin.« Das beeindruckte mich damals sehr, denn ich war ziemlich unsicher und verstört und wusste überhaupt nicht, was ich mit mir anfangen sollte. Ich kam aus einer armen Familie, so arm, dass mitunter einige Mahlzeiten ausfielen. An meinen Eltern konnte ich mich nicht orientieren, die schlugen sich mehr schlecht als recht durch. Also wurde Soriano mein Vorbild, der wusste, wie es geht.

Neuer Zollhof, Düsseldorf, 1999

Dennoch sind Sie ja kein Kommandanten-Architekt geworden.
Zum Glück sind bei mir andere Instinkte mächtiger. Als ich Kind war, ist meine Mutter mit uns viel in die Museen gegangen und in Konzerte, obwohl sie selbst noch nicht mal einen Highschool-Abschluss besaß. Und auch meine Großmutter hat mir viel mitgegeben. Als ich so sechs oder sieben war, hat sie viele Stunden lang mit mir auf dem Fußboden gesessen, und dort spielten wir dann mit Klötzchen und Holzresten, bauten die tollsten Städte. Diese Erinnerung ist in mir sehr lebendig, und etwas von dieser Verspieltheit ist weiterhin in mir wach. Sie hilft mir, meine Architektur mit künstlerischer Freiheit anzugehen.

Warum sind Sie dann nicht gleich Künstler geworden?
Da verdient man ja nichts. Überlegt habe ich es aber natürlich. Künstler waren immer meine besten Freunde, bis heute treffe ich mich oft mit ihnen, mit Rauschenberg, Johns und Serra. Von den Architekten war ich ja schon früh abgelehnt worden, schon mein erster Bau, das Danziger Haus in Hollywood 1964, traf bei denen auf Kritik. In der Presse stand etwas von zerbrochener Töpferware. Die Künstler hingegen mochten den Bau, also ging ich immer wieder zu ihnen. Sie haben mich bestärkt in meinem Außenseitertum. Und viel habe ich von ihnen gelernt, zum Beispiel dass man selbst aus Schrott großartige Bilder machen kann. Das habe ich dann auch für die Architektur versucht, ich habe mir selber eine Art Schrotthaus gebaut, ein wunderbares Ding.

Gibt es für Sie überhaupt einen Unterschied zwischen Kunst und Architektur?
Na ja, eine Skulptur braucht kein Klo zu haben, das ist schon ein Unterschied. Doch viel mehr als von den Bildhauern habe ich von den Malern gelernt. Ich begeistere mich sehr für das Malerische, für weiche, tiefgründige Oberflächen. Das ist in der Architektur natürlich sehr schwierig hinzubekommen, man kann sie nicht einfach so verschwimmen lassen, sie wird immer konkret und vordergründig sein. Aber manchmal gelingt es mir doch, mit spiegelnden und mattierten Materialien einen solchen Effekt zu erzielen.

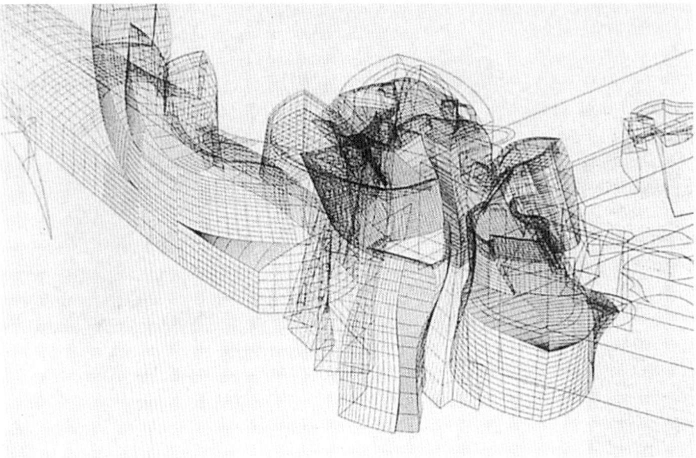

Guggenheim Museum, Bilbao, Computer-Zeichnung

Zeichnet sich gute Architektur nicht eigentlich durch die Kunst des Raums und weniger durch die Kunst der Oberflächen aus?
Ja, natürlich, Sie haben recht. Alles beginnt mit der Raumerfahrung. Aber man muss diesen Raum ja auch einpacken, man muss ihn fassen. Also kommt man um die Frage nach den Oberflächen gar nicht herum.

Haben Sie es denn selbst mal mit dem Malen versucht?
Ich gestehe, das habe ich. Mich begeistert einfach diese existentielle Situation: Du hast nichts als eine Leinwand, deine Farben, ein paar Pinsel. Und dann musst du anfangen. Für mich ist es so etwas wie ein Moment der Wahrheit. Du stehst vor einem Riesennichts, und da kann einem schon angst und bange werden. Ich bin jedenfalls, nach ein paar Drinks, unverrichteter Dinge wieder abgezogen. In meiner Architektur versuche ich aber trotzdem immer, an diesen Moment der Wahrheit heranzukommen.

Das heißt, für Sie ist das Entwerfen und Planen wichtiger als das Fertigstellen.
Ja, viel wichtiger. Wenn ich ein Projekt plane, dann entwickle ich immer neue Vorschläge und Modelle, manchmal einige hundert, zum Leidwesen meiner Bauherren, die das mitunter recht nervös macht. Ich mag es aber nun mal nicht, wenn die Dinge abgeschlossen und endgültig und fertig sind.

Sie meinen, Einweihungen sind Ihnen verhasst?
Ich freue mich, aber es sind eben auch Momente des Abschieds. Die postnatale Depression fühle ich immer schon kommen. Aber was soll's, ich bin alt und werde diese Welt ohnehin bald verlassen.

Keine Traumprojekte mehr, die Sie noch gern bauen würden?
Darüber spreche ich lieber nicht, denn wenn man sich nach etwas zu sehr sehnt, bekommt man es eh nicht. Aber einen Flughafen, ja, das wär schon toll. Ich mag halt Flugzeuge und Segelboote, alles, was Bewegung und Veränderung verheißt. Ich liebe es, einfach abzuheben.

Guggenheim Museum, Bilbao, 1997

MEINHARD VON GERKAN & VOLKWIN MARG

DIE REVOLUTIONEN IM STÄDTEBAU HABEN IMMER ZU EINEM DESASTER GEFÜHRT

Nur wenige Architektenbüros sind so gut im Geschäft, dass sie sich ihr eigenes Gebäude errichten können. Und wohl nur ein einziges, das von Meinhard von Gerkan und Volkwin Marg, hat im eigenen Gebäude gleich ein Restaurant der Spitzenklasse einquartiert. So kühl und logisch viele ihrer Entwürfe auch sein mögen, die beiden Hamburger Architekten wissen, wie man das Leben genießt. Sogar ein paar Weinreben haben sie gepflanzt, gleich am Hang unter ihrem Büro, das hoch über der Elbe thront. Von hier aus, so könnte man sagen, geht der Blick weit hinaus in die Welt, wohl kein anderes deutsches Büro ist international so erfolgreich. In China sind sie sehr gut im Geschäft, eine Stadt mit 800 000 Einwohnern dürfen sie dort planen. Auch sonst sind sie für Großaufträge bekannt, von ihnen stammt der Hauptbahnhof in Berlin, der Flughafen Hamburg oder die Neue Messe in Leipzig. Schon seit 1965 arbeiten die beiden im gemeinsamen Büro gmp zusammen, von Gerkan 1935 in Riga geboren, Marg 1936 in Königsberg, dem heutigen Kaliningrad. Beide lernten sich beim Studium in Braunschweig kennen. Kaum hatten sie ihr Examen in der Tasche, gewannen sie schon ihren ersten Auftrag, einen Großauftrag, wie könnte es anders sein: den Bau des Flughafens in Berlin-Tegel.

Herr von Gerkan, Herr Marg, gibt es eine historische Epoche, in der Sie als Architekten lieber gelebt hätten als heute?
Meinhard von Gerkan: Wir sind keine Nostalgiker. Es mag ja vieles an der Gegenwart nicht so ideal sein, aber dass nun früher alles besser gewesen wäre, das glaube ich nicht.
Volkwin Marg: Ich glaube, dass heute die Schwierigkeiten größer sind. Damals, im frühen 18. Jahrhundert, veränderte sich die Gesellschaft langsamer, und es gab noch die selbstverständliche Kraft der Tradition. Heute ist uns das Traditionelle verloren gegangen, man muss alles willentlich setzen.

Ist das der Grund dafür, dass viele Menschen die alten Städte so anziehend finden? Die meisten lieben ja traditionelle Plätze mehr als die modernen.
von Gerkan: Berechtigterweise.

Ergeht Ihnen das auch so?
von Gerkan: Natürlich geht mir das so, auch wenn ich es nicht gern wahrhaben will. Bei dem, was sich moderner Städtebau nennt, klaffen Anspruch und Wirklichkeit fast immer auseinander. Im Regelfall regiert das Kapital, und das setzt nur auf Rendite. Hier in Hamburg zum Beispiel, da kriegt es selbst eine der größten Banken der Welt nicht fertig, sich wenigstens mal ein anständiges Kleid anzuziehen.

Gibt es für Sie denn überhaupt einen modernen städtischen Platz, der Ihnen ähnlich gelungen erscheint wie manche Plätze früherer Zeiten?
Marg: (schweigt) Spontan fällt mir da keiner ein. Das grundsätzliche Problem liegt aber ohnehin tiefer. Wir müssen akzeptieren, dass es eine kulturelle Lücke gibt. Wenn Städtebau und Architektur auffällige Mühe haben, die technischen Veränderungen mit den tradierten Gewohnheiten zu verschmelzen, dann ist die kollektive Inszenierung voller Widersprüche.

Mit kollektiver Inszenierung meinen Sie die Stadt?
Marg: Ja, denken Sie etwa an die mittelalterliche Stadt der Zünfte und Bürger, da entsprach die äußere, gebaute Form ziemlich genau dem technischen Wesen der Gesellschaft. In dem Moment aber, in dem sich Technik rasend schnell verändert, kommt die adaptierende Inszenierung nicht mehr hinterher. Vieles wird dann noch so gestaltet wie einst, auch wenn die gesellschaftliche Realität längst eine andere ist. Das erleben wir dann als Bruch.

Heißt das, die Architekten folgen den Veränderungen der Gesellschaft nicht schnell genug?
Marg: Normalerweise versuchen die Künste und also auch die Architektur, uns emotional an die veränderten Bedingungen anzuschließen. Aber im Moment klafft die Lücke halt besonders breit. Alle Parameter des Städtebaus haben sich verändert, durch das Auto ebenso wie durch das Telefon.

Hauptbahnhof, Berlin, 2007

Verändert hat sich doch vor allem die Rolle des Bauherrn: Früher gab es davon viele kleine, sie prägten das Bild ihrer Stadt. Heute ist das Bauen vor allem Sache anonymer Investoren.
von Gerkan: Ja, fast ausschließlich. Die meisten Großunternehmen fühlen sich nicht als Teil eines städtischen Kollektivs. Sie ignorieren das Bild, das Gefüge, den Konsens einer Stadt, weil es für sie nur um Selbstdarstellung geht. Gucken Sie sich dagegen zum Beispiel Lübeck an: Jedes Haus ein Individuum und trotzdem alle eine große Familie, alle mit dem gleichen Vokabular gestaltet. Einzig und allein die Kirchen dürfen die Stadt dominieren. All das ist völlig kaputtgegangen, als die großen Kaufhäuser einzogen und bedeutender sein wollten als die Kirchen. Manche dieser Wölfe werden dann zwar als Großmutter verkleidet, und Architekten ziehen ihnen irgendwelche lieblichen Kleidchen an. Aber das sind nur Versuche, mit Design noch etwas herauszureißen. Der gesellschaftliche Konsens ist damit natürlich nicht wiederherzustellen, jeder ist sich nur selbst der Nächste.

Somit sind aber unsere hässlichen Städte zumindest ehrliche Städte, sie zeugen offenherzig vom überschießenden Individualismus.
Marg: Sicher, Dallas oder Houston entsprechen mit ihrer Silhouette ziemlich genau der gesellschaftlichen Wirklichkeit. Was wir dort sehen, ist das Abbild kapitalistischer Grund- und Bodenspekulation und der Geltungsdrang profitorientierter Unternehmen. Und zwar ohne jede Rücksicht auf soziale Wohlfahrt.

War früher also alles besser?
Marg: Ganz so leicht darf man sich das nicht machen. Nehmen Sie zum Beispiel Florenz. Was sich da die Medici mit ihrem wuchtigen Palazzo Pitti geleistet haben, der krachte aber da rein. Also, auch die Bürgerstadt, in der sich alle gegenseitig in Schach halten, erlebte ihre Konflikte, etwa mit der Adelsherrschaft. Heute haben wir keine Medici mehr, sondern zum Beispiel die Europäische Zentralbank und andere.

Könnte man sagen, dass die Stadt unter dem leidet, was sie selbst mit hervorgebracht hat? Erst sie erlaubte es, dass sich Individualismus, wie wir ihn heute kennen, entwickeln konnte. Und auch das freie Unternehmertum nahm seinen Anfang in der Stadt. Heute macht ihr beides zu schaffen.
von Gerkan: Aber warum müssen ausgerechnet die Bauherren mit den größten Selbstdarstellungsbedürfnissen den schlechtesten Geschmack haben?
Marg: Weil sie ungebildet sind.

Dem könnten doch die Architekten mit mehr Bildung abhelfen.
Marg: Ein ordentlicher Marxist würde immer sagen, dass der Architekt schlicht durch die realen Machtverhältnisse einer Gesellschaft definiert wird und an ihrem Überbau basteln darf. Dass er das Gesellschaftssystem an dessen Basis ändert, ist eher unwahrscheinlich.

Sind Sie denn nur Erfüllungsgehilfen?
Marg: Uns bleibt ja immerhin der Versuch, Fantasie und Inszenierungsideen zu implantieren. Die sind politische Mangelware.

Aber nachdem Sie nun beide festgestellt haben, dass heute ein gelingender Städtebau geradezu ausgeschlossen ist, müssten Sie doch eigentlich den Job quittieren, oder?
von Gerkan: Das ist eine berechtigte Frage, wie unser Gewissen damit zurechtkommt, dass wir an einem Prozess mitwirken, den wir beschimpfen. Allerdings bauen wir – mit der Ausnahme China – nur Mosaiksteinchen und keine Städte.

Sie prägen doch mit Häusern auch die Stadt.
von Gerkan: Ja, das stimmt. Und wir erleben, dass man sich manchmal auch anpassen können muss. Das haben wir etwa am Pariser Platz in Berlin erlebt, wo es strenge Gestaltungsvorschriften gibt und wir eine Bank planen durften. Natürlich habe ich mich damals gefragt, ob ich mich dem Kodex unterwerfen soll. Irgendwann bin ich dann zum Opernball nach Wien gefahren, obwohl ich nichts für Bälle übrighabe, aber meine Frau wollte da gern mal hin. Ich hatte keinen Frack und musste mir einen leihen, sonst wäre

Museum, Shanghai-Pudong, 2002

ich nicht reingekommen. Und es stimmt ja: Der Opernball wäre nicht der Opernball, wenn nicht alle einen Frack trügen. Nur so besitzt er etwas Eigenes, eine Aura.

Und was heißt das für den Städtebau?
von Gerkan: Das heißt, dass auch in der Stadt bestimmte Verabredungen gelten müssen.

Und wenn der Frackzwang auch historische Säulen oder ähnliche Ornamente vorschriebe?
von Gerkan: Da wäre für mich die Grenze. Schließlich kann man einen Frack nach einer Nacht wieder ausziehen, was ja bei einem Baukleid nicht so einfach ist.
Marg: Eine Gestaltsatzung soll nur dazu beitragen, die Identität einer Stadt zu bewahren. So versucht man in der demolierten Berliner Friedrichstadt zumindest ein Minimum von Konsens zu ermöglichen, auch wenn alle Architekten über das Prokrustesbett der steinernen Lochfassade stöhnen.

Vielerorts gibt es doch Gestaltsatzungen, ohne dass sich dadurch viel gebessert hätte.
Marg: Machen wir es doch mal konkret: Versuchen Sie einmal in Schleswig-Holstein für die Feier einer Hochzeit einen Bauernhof zu finden, der nicht versaut ist. Sie werden nur durch geschundene, zerstörte Orte kommen, ob das Elmshorn ist oder Itzehoe. Sie kriegen eine Netzhautablösung von diesem Grauen, diesen verkrüppelten Häusern und Bauernhöfen. Fahren Sie aber durch Oberbayern, dann werden Sie erleben, dass fast jedes Dorf seine Gestaltsatzung hat – und Sie fahren durch einen Architektur- und Naturpark.

Bedeutet das, alles muss bleiben, wie es war?
Marg: Nein, die Regeln ändern sich ja nach und nach, aber eben behutsam und evolutionär. Und Stadt ist in ihrem Wesen etwas Evolutionäres. Die Revolutionen im Städtebau haben immer zu einem Desaster geführt.

Warum wirken Sie dann mit an einer Revolution und bauen nahe Shanghai aus dem Nichts die neue Stadt Lingang für 800 000 Menschen?
Marg: Da ist ja nichts zu entwickeln, da ist ja eine Tabula rasa.
von Gerkan: Ich sitze gerade an den Gestaltungsregeln. Parzellengröße, Gebäudehöhe, Materialien, all das wird dort festgelegt, um so etwas wie eine Vielfalt in Einheit zu ermöglichen. Gleichzeitig merke ich natürlich auch, dass das ein bisschen Theaterinszenierung ist, was man da macht.

Ist es denn in der Geschichte des 20. Jahrhunderts jemals geglückt, eine Stadt in dieser Größenordnung neu zu bauen?
Marg: Wir müssen uns jetzt wirklich hüten, das Kind mit dem Bade auszuschütten. Es hat im 19. Jahrhundert, als die europäischen Städte so explodierten wie derzeit die chinesischen Städte, unendlich viele Großplanungen gegeben. Und heute genießen wir doch die Gründerzeitquartiere.
von Gerkan: Aber das sind ja Wohnquartiere, von denen du da sprichst. Für die üblichen Bürohausviertel gibt es keine gelungenen Vorbilder.

Auf welche Ideale bei Ihrer Stadtgründung können Sie sich dann berufen?
von Gerkan: Wir versuchen da schon einiges anders zu machen. Sonst ist es ja so, dass in der Mitte der Stadt stets die teuersten Grundstücke liegen. Diese können sich meist nur solche Besitzer leisten, die in der Stadt kein Leben erzeugen, Banken, Versicherungen, Großverwaltungen. Außerdem weist eine Stadt, die auf ihr Zentrum fixiert ist,

Lingang New City, bei Shanghai, Modell

dort auch immer den meisten Verkehr auf. In Wahrheit ist also heute die Mitte vieler Städte, wenn man sie vom Menschen her betrachtet, ein Vakuum. Deshalb versuchen wir das Gegenteil, wir legen im Zentrum einen See an, der nie zugeschüttet wird, stellen auf ein paar Inseln die Kulturbauten und schaffen am Ufer dieses Sees lauter erste Adressen. Alle haben sie die gleiche Lage, und alle schauen sie auf die Mitte, eine Mitte, die kollektiv ist. Das Wasser, der Strand, die Promenade laden die Bürger ein, und auch viele Besucher. Denn so etwas gibt es in ganz China nicht.

Ist die Idealstadt von heute die Freizeitstadt?
Marg: Nein, da geht es uns schon um eine komplexere soziale Vision, darum, dass der öffentliche Raum von allen gleichermaßen genutzt wird.
von Gerkan: Außerdem planen wir zum Beispiel auch, dass alle öffentlichen Gebäude als freistehende Gebäude, also als Solitäre, gebaut werden sollen. Alle anderen Gebäude sollen keine Solitäre sein. Und das ist schon sehr radikal, weil es ja heute praktisch nur noch Solitäre gibt.
Marg: Für uns war im Hinterkopf auch Hamburg das Vorbild, mit der Alster in der Mitte.

Warum aber ist die Form dieser chinesischen Alster so streng radial? Die evolutionäre Stadt, für die Sie schwärmen, kennt solche Formen nicht.
Marg: Das ist ja auch ein romantisch verkleistertes Klischee, dass die gute Stadt immer so heimelig und verwunschen sein muss. Warum sollte nicht auch das Gerasterte einer antiken griechischen oder kolonialistisch-spanischen Gründerstadt seinen Wert haben? Man muss aufhören mit diesem mystischen Qualm der Gemütlichkeit, auch das Rationale und Gerasterte ist nicht unmenschlich. Ich sage das vor allem deshalb, weil im Moment besonders in Deutschland eine panische Angst besteht, in großen Dimensionen zu denken und zu bauen.
von Gerkan: China ist für uns jedenfalls ein Glücksfall. Das ist mit Europa nicht zu vergleichen. Wir stoßen dort nicht auf Wände, sondern auf ein Vakuum. Das ist wunderbar, obwohl wir natürlich nicht wissen, ob wir unsere Hauptziele erreichen werden. Die entscheidenden Personen wechseln abrupt.
Marg: Ja, versuchen Sie mal, mit einem Nichts zu tanzen.

Es könnte also durchaus sein, dass am Ende aus dem Glücksfall ein Fluch wird?
Marg: Ja, sicher, denn niemand weiß genau, wie sich das Vakuum füllen wird. Und ob wir überhaupt mit unseren Ideen durchdringen.
von Gerkan: Neulich lernte ich einen Inder kennen, der sehr neidvoll auf die Chinesen blickte, weil die ihre Städte viel schneller hinbekommen. Ich habe ihn gefragt, woran das liege. Wir haben halt eine Demokratie, hat er da gesagt. Das zentralstaatliche China kann bestimmen, wo der Transrapid reingeklatscht wird. Es braucht auf niemanden Rücksicht zu nehmen.

Ihr Bauherr ist also eine Art absolutistischer Bauherr. China ist Ihr 18. Jahrhundert!
von Gerkan: Es war wohl doch keine so schlechte Zeit damals.

Christus-Pavillon, EXPO Hannover, 2000

ZAHA HADID

MEINE BAUTEN VERSPRECHEN OPTIMISMUS

Ganz in Schwarz, die Haare wallend, ihre Stimme rau und dunkel, so sitzt sie da und hält Hof, auch wenn dieser Hof nur das Mercer Hotel ist, mitten in SoHo, New York. Alle sind da, Roger, Sandra, Erica, Sarah, Susan, Ari, lauter Assistenten, Freunde, Pressemenschen, alle umschwirren sie, und sie genießt es. Ausgerechnet jetzt ein Interview? Lieber will sie tun, was sie am liebsten tut: herumtelefonieren, mal hören, wo alle stecken, die gerade nicht da sind. Nur zu gerne ist sie Mittelpunkt – und war es doch so lange nicht. Sie wurde verachtet, verlacht für ihre exzentrischen Entwürfe. Hadid ist die einzige Frau im globalen Architekturgeschäft, ungewöhnlich auch ihre Herkunft aus Bagdad, wo sie 1950 geboren wurde. Erst studierte sie Mathematik, das ist ebenfalls selten. Später wechselte sie in die Architektur und begann 1977 bei Rem Koolhaas zu arbeiten. Drei Jahre später eröffnete sie ihr eigenes Büro in London, zunächst ohne großen Erfolg. Niemand schien ihre splittrigen Entwürfe bauen zu wollen. Erst ein paar deutsche Bauherren brachten den nötigen Mut auf: In Weil am Rhein plante sie für Vitra ein Feuerwehrhaus, in Wolfsburg das Science Center, in Leipzig eine Fabrik für BMW. Heute kann sich ihr Büro vor Großaufträgen kaum retten: China ruft, der Nahe Osten umschwärmt sie, selbst in England darf sie bauen. Sie ist von allen begehrt, ist überall und nirgends, eine Nomadin der globalen Bauwelt.

Frau Hadid, sind Sie ein glücklicher Mensch?
Wie? Na ja, ich hab es gern, wenn viel los ist. Und im Moment ist in meinem Leben eine Menge los.

Eigentlich sind Sie ständig unterwegs.
Ja, manche sagen sogar, typisch Irakerin, eine geborene Nomadin, aber das ist natürlich Quark. So ist's doch für alle erfolgreichen Architekten, man muss unterwegs sein. Die Auftraggeber wollen uns ja zumindest ab und zu mal sehen. Und je mehr Auftraggeber es sind, desto schlimmer wird es. Ich glaube, die letzten Wochen habe ich eigentlich nur noch im Flugzeug gelebt.

Und das nennen Sie glücklich?
Das Reisen zehrt ganz schön. Früher ging ich sehr gerne ins Kino und ins Ballett. Dieses Ineinander von Körper, Raum und Bewegung fand ich ungeheuer anregend. Aber ich komme zu nichts mehr.

Und kommen Sie noch zum Entwerfen? Brauchen Sie dafür nicht ein bisschen Ruhe?
Man kann als Architekt nicht alles selbst machen. Manche denken ja, Architektur sei eine Sache der Eingebung, ein Blitz, der einschlägt, schon ist der geniale Entwurf fertig. Doch dafür ist Architektur viel zu komplex, viele arbeiten mit, so ein Entwurf entwickelt sich langsam. Früher haben wir für jeden Auftrag mindestens zehn Modelle entwickelt, wir wollten wissen, was alles möglich ist. Davon profitiere ich heute, das ist mein Fundus. Und ich habe gute Leute, denen ich vertrauen kann und mit denen ich immer in Kontakt bin. Ich kann Ihnen sagen, meine Telefonrechnung ... *(Schnell prüft sie, ob eine neue SMS eingegangen ist.)*

Entwerfen Sie denn noch selbst?
Computer fasse ich nicht an, die Dinger waren mir immer unsympathisch, vor allem die Maus finde ich grässlich. Aber vermutlich ist das ein Fehler, ich hätte vor zehn Jahren damit anfangen sollen. Ist ja verrückt, was mit diesen neuen Programmen alles möglich ist. Na, vielleicht suche ich mir noch einen Lehrer, aber ich glaube, ich bin dafür zu ungeduldig.

Papier ist geduldiger.
Ja, in ruhigen Momenten arbeite ich noch mit meinem Skizzenblock. Dann skizziere ich wild vor mich hin, 500 Blatt, das geht dann ganz schnell.

500 Blatt?
Na ja, vielleicht auch 200. Jedenfalls ist das für mich eine Möglichkeit, Ideen durchzuspielen.

Für konkrete Projekte?
Nein, das sind eher abstrakte Raumideen, die mich beschäftigen. Fragen, wie sich das Verhältnis von Boden und Wand und Decke neu bestimmen lässt. Ich muss gestehen, dazu komme ich nur noch selten. Ich bin vor einiger Zeit umgezogen, in einen neuen

Feuerwache für das Vitra-Werk in Weil am Rhein, 1993

Dachaufbau. Eine wunderbare Wohnung, aber warm geworden bin ich mit ihr noch nicht. Ich habe mich noch nicht einleben können, es fehlt mir die Zeit.

Im Moment bekommen Sie viele große Aufträge. Die Zahl Ihrer Mitarbeiter hatte sich binnen kurzer Zeit mehr als verdoppelt, von 60 auf über 150.
150? Ja, kann sein, so ungefähr. Wenn Sie es genau wissen wollen, müssen Sie Patrik fragen.

Patrik Schumacher, Ihren Büropartner.
Ja, der stellt jeden Tag neue Leute ein, mir sind es mittlerweile wirklich zu viele Leute, aber anders geht's wohl nicht.

Woher der plötzliche Erfolg?
Na ja, bei Ihnen in Deutschland habe ich ja schon so einiges machen dürfen, in Weil die Feuerwache, in Wolfsburg das Phæno Science Center. Die Deutschen trauen sich was, vielleicht mehr, als sie manchmal denken. Zu Hause in England gibt es fast überhaupt keine Bauten von mir, und auch anderswo haben viele Menschen eher über mich gelächelt. Tolle Entwürfe, haben sie gesagt. Sieht schön verrückt aus, so als Entwurf. Aber bauen lässt sich das nicht. Die wollten mich als Papierarchitektin abstempeln, ich galt als exzentrisch.

Nicht ganz zu Unrecht, oder? Die Times nannte Sie »Englands bestgehasste Architektin«.
Ja? *(Sie lacht.)* Daran kann ich mich gar nicht erinnern. Manche meinen, ich sei ein Vulkan, der ständig Feuer spucke. Aber ich bin einfach ein sehr emotionaler Mensch. Ich kann mich ungeheuer über bestimmte Dinge freuen, und ich kann mich auch ärgern – sehr ärgern. Damit können die meisten Engländer nicht umgehen. Manchmal habe ich sie einfach nur angeschrieen, um sie durcheinanderzubringen. Aber so etwas würde ich heute natürlich nicht mehr machen. *(Sie lacht.)*

Der Erfolg hat Sie gezähmt?
Das würde ich nicht behaupten. Ich mache weiterhin, was ich machen will. Vielleicht muss man manchmal schwierig sein, sonst kommt nur mittelmäßiges Zeug heraus, und davon haben wir genug. Ich mag keine Kompromisse, also gibt es oft Reibung.

Was genau reibt sich da?
Vielleicht liegt es daran, dass ich keine Europäerin bin. Meine Art des Denkens ist schon ein wenig anders als die des klassischen Europäers, der die Dinge rational in den Blick nimmt. So sind ja die meisten Architekten, ihnen geht es um das Klare und Berechenbare. Ich gehöre zu einer Tradition, in der Intuition und Logik eine engere Verbindung eingehen.

Sehen Sie sich als arabische Architektin?
Das haben manche behauptet, Rem Koolhaas zum Beispiel, mit dem ich einige Zeit zusammengearbeitet habe. Ich will mich aber nicht in so eine Rolle pressen lassen. Ganz bestreiten kann ich es natürlich auch nicht, dass ich aus einer Kultur komme, die 5000 Jahre alt ist. Ich bin Babylonierin. Geschichte ist nichts, worum ich ringen müsste. Geschichte ist für mich einfach da, und ich kann und darf sie konfrontieren mit meinen Ideen für morgen.

Sie sind frei von der Geschichte?
Ich muss mich nicht an irgendeinen Historismus klammern, ich lebe nicht in dem Gefühl, die Geschichte könnte mir verloren gehen.

Aber lebt Ihre Architektur nicht auch aus der Geschichte?
Meinen Sie die Kalligrafien der Araber, die sehr frei dahinfließen wie meine Bauten?

Ich dachte eher an die russische Avantgarde des frühen 20. Jahrhunderts, auf die Sie sich oft berufen, an Malewitsch oder Leonidow. Sie greifen deren Ideen auf. Ist das nicht eine Art von Historismus?
Ich kopiere deren Entwürfe ja nicht sklavisch, mir geht es darum, damalige Vorstellungen zu aktualisieren, die Idee einer neuen Ordnung für uns fruchtbar zu machen. Das wurde ja nie richtig ausprobiert. Damals hoffte man auf einen neuen Anfang, es sollte eine Architektur entstehen, die sich von den Zwängen löst und alles in Frage stellt. Müssen Häuser auf der Erde stehen? Können sie auch schweben? Was ist eine Wand? Was ist der Fußboden? Müssen wir dem Diktat des rechten Winkels folgen, oder können wir auch die übrigen 359 Grad für uns erschließen? Das sind heute noch große Fragen.

Der Avantgarde ging es doch vor allem um eine neue Gesellschaftsordnung. Und Ihnen?
Viele Träume der Moderne sind zerplatzt. Vieles war auch falsch, die Vorstellung zum Beispiel, dass mit Wohnsilos die Menschheit zu retten wäre. Das heißt aber nicht, dass nun das Projekt der Moderne beendet ist. Nur muss eine neue Moderne mit alten Fehlern aufräumen. Deshalb sehen unsere Häuser nicht überall gleich aus, sie versuchen, genau dem Ort und dem Nutzer gerecht zu werden. Und viele von ihnen wollen das Verhältnis von Privatem und Öffentlichem neu definieren. Wir heben viele unserer Bauten an und geben den Raum darunter frei für städtisches Leben. Wir lösen die klassischen Grenzen auf.

Das klingt recht formelhaft.
Es kann ein klares Programm halt nicht mehr geben. Das ist anders als in der klassischen Moderne, die genau wusste, wie sie den Menschen befreien wollte. Heute können wir nur Ideale formulieren. Ich wünsche mir Räume, die nicht abgeschlossen sind, die keine vorherbestimmte Richtung haben, die viele Wege ermöglichen, die Bewegung stimulieren.

Sie meinen, so wie bei den Sofas, die Sie entworfen haben. Die sind geschwungen und schräg und oft ohne Lehne, auf denen hält man es nicht länger als eine Viertelstunde aus – die stimulieren ganz zwangsläufig Bewegung.
Sie haben noch nicht die richtige Sitztechnik entwickelt *(lacht)*. Ich will, dass die Dinge im Fluss bleiben, weich und bewegt. Es muss sich nicht jeder damit wohlfühlen, ich will keine Patentlösungen für alle. Ich will neue Lebensformen vorschlagen. Ich will sie nicht verordnen.

Aber ist eine gekurvte Wand nicht viel unpraktischer als eine gerade? Sie verlangt von den Bewohnern viel mehr Anpassung. Das ist mein Verdacht: dass Ihre Bauten etwas Verordnendes besitzen, auch wenn sie geschmeidig aussehen.
Suchen Sie Streit? Hört mal alle, ich glaube, er sucht Streit. Sie mögen meine Architektur wohl nicht?

Ich frage mich nur, ob Ihre Architektur das einlöst, was Sie versprechen.
Das ist doch ganz einfach: Meine Bauten versprechen Optimismus. Von Utopien zu sprechen ist heute ein wenig schwierig, aber vielleicht sollten wir selbst das mal wieder tun. Ich glaube jedenfalls daran, dass sich in der Architektur etwas ausdrücken kann, von dem wir noch nicht ahnen, dass es möglich ist – eine neue Ordnung der Dinge, ein anderer Blick auf die Welt. Das hat für mich eine politische Dimension. Als ich anfing mit der Architektur, an der Hochschule in London, da war jede Vorstellung von Fortschritt abgewürgt. Es gab ein paar Leute, die machten Hightech, Leute wie Norman

Phæno-Wissenschaftszentrum, Wolfsburg, 2005

Moon System Sofa, 2007

Foster, die mit ihren Konstruktionen nach Superlativen strebten. Und es gab die große Gruppe der Traditionalisten, eine erstickende Postmoderne. Zumindest davon hat sich meine Architektur befreit, meine ich. Sie hat bewiesen, dass nicht alles für immer bleiben muss, wie es mal war. So, das wäre doch ein schöner letzter Satz für Ihr Interview. Machen wir Schluss?

Darf ich noch eine Frage stellen? Ich wüsste gerne, woher Ihr Glaube an das Neue kommt.
Alles verändert sich, die Art und Weise, wie wir arbeiten, die Technik, die Kunst. Warum sollte ausgerechnet in der Architektur alles so bleiben, wie es mal war? Das will mir nicht einleuchten. Ich bin in Bagdad aufgewachsen, als sich vieles im Irak zu verändern begann. Meine Familie war sehr privilegiert und recht wohlhabend, meine Eltern schickten mich auf eine Klosterschule, katholische Nonnen haben uns unterrichtet. Sie haben uns vor allem eines beigebracht: an uns selbst zu glauben. Es war selbstverständlich, dass auch Mädchen etwas leisten können, dass auch sie gut in naturwissenschaftlichen Fächern sein können. Fast alle von uns haben etwas gemacht aus ihrem Leben.

Sie haben ja erst Mathematik studiert.
Ja, aber nur ganz kurz. Die Mathematik fiel mir leicht, das konnte ich wie im Schlaf. Da dachte ich, gut, damit fängst du mal an. Aber eigentlich wollte ich Architektin werden, das wollte ich schon, als ich elf war. Damals entstanden in Bagdad die wunderbarsten neuen Gebäude, ich konnte das jeden Tag verfolgen. Das war ein sehr eindrückliches Erlebnis. Eine Gesellschaft verwandelte sich, es begann etwas Neues. Und dieses Neue kündigte sich an in der Architektur.

Können Sie sich vorstellen, irgendwann einmal zurück nach Bagdad zu gehen?
Die Wurzeln sind noch da, und ich würde gerne darüber nachdenken, wie sich die Stadt neu bauen und neu erfinden lässt. Aber London ist für mich heute auch sehr wichtig. Anfangs war ich hier die durchgedrehte Fremde, nichtbritisch, noch dazu eine Frau, und das fanden viele Kollegen ziemlich beunruhigend. Mittlerweile haben wir uns aneinander gewöhnt.

Bis heute aber sind Sie so ziemlich die einzige Frau im Kreis der international bekannten Architekten.
Ich werde immer wieder gefragt, ob eine Frau anders arbeite als ein Mann. Ich kann da nur sagen, ich weiß es nicht, ich bin nie ein Mann gewesen. Aber offensichtlich trauen sich die meisten Auftraggeber nicht so recht, sich auf eine Frau einzulassen. Da muss erst eine Irakerin kommen und es ihnen beibringen.

Sie bekommen sogar Designaufträge für Küchen oder ein Essbesteck. Fürchten Sie nicht das Klischee? Manche sprechen schon von der Design-Domina.
Was für ein Blödsinn. Ich finde es wunderbar, ab und zu auch mal etwas anderes zu entwerfen. Ein Auto haben wir jetzt gemacht, und mit Möbeln habe ich mich auch viel beschäftigt. Ich will mich nicht auf nur eine Aufgabe beschränken, ich will die ganze Welt ergreifen. Wenn es die Zeit denn zulässt.

Bislang haben Sie aber nur Ikonen gebaut, keine Wohnbauten, erst recht keine Sozialbauwohnungen.
Das liegt ja nicht an mir. Ich begreife meine Bauten keineswegs als etwas Hochexklusives, als Sache für Eliten. Es geht mir nicht um künstlerische Selbstverwirklichung, ich will den Mainstream. Gerne würde ich darüber nachdenken, wie sich das Leben von morgen auch für die Arbeiterklasse gestalten ließe. Allerdings sind die Regeln im sozialen Wohnungsbau so unglaublich strikt, dass da kaum etwas zu verändern ist. Das ist eine Schande, dabei hat ja die Moderne gerade im Wohnungsbau viele großartige Neuerungen hervorgebracht, das wissen Sie als Deutscher am allerbesten. Tut sich denn da bei Ihnen daheim noch etwas?

Der soziale Wohnungsbau ist so gut wie tot.
Merkwürdig, dass aus Deutschland so wenige Impulse kommen. Ich bin ein großer Verehrer von Erich Mendelsohn und von Mies van der Rohe sowieso. Heute spielt kein Deutscher mehr in der Topliga, seit O.M. Ungers hat man nicht mehr viel gehört.

Woran liegt's?
Ich glaube, den deutschen Architekten ist es zu gut gegangen. Sie hatten in ihrem Land so viel zu tun, dass sie sich von der internationalen Ebene fast verabschiedet haben. Ein paar gute Büros gibt es ja, ich schätze Sauerbruch & Hutton zum Beispiel sehr. Aber viele von denen, die mal im Ausland waren und dann nach Deutschland zurückkommen, scheinen dort eher zu verkümmern.

Sie haben im Moment auch keinen Auftrag in Deutschland.
Ich weiß auch nicht, warum. Vielleicht braucht man meinen Optimismus dort nicht mehr.

JACQUES HERZOG & PIERRE DE MEURON

ARCHITEKTUR ALS KUNST IST UNERTRÄGLICH

Es fehlte nicht viel, und sie wären als eineiige Zwillinge auf die Welt gekommen. Beide wurden 1950 geboren, beide in Basel, der eine Mitte April, der andere Anfang Mai. Sie studierten gemeinsam an der ETH in Zürich, machten gemeinsam ihr Diplom und gründeten 1979 ein gemeinsames Büro. Und doch sind sie in vielem verschieden. Der eine, Pierre de Meuron, wirkt lieber nach innen, der andere, Jacques Herzog, ist der Außenminister. Ihn treffe ich zum Interview, in einer umgebauten Autogarage gleich neben den Häusern, die sie mit ihrer ständig wachsenden Mannschaft belegt haben. Herzog wirkt wie ein Marathonläufer, so hager und angespannt; die Karriere ihres Büros wirkt wie ein nie endender Spurt. Seitdem sie in den neunziger Jahren ein altes Kraftwerk in London für die Tate Modern umbauen durften, bekommen sie einen Großauftrag nach dem nächsten, aus aller Welt erreichen sie die Anfragen. Und immer wieder finden sie zu anderen, verblüffenden Lösungen. Ihre beiden großen Stadien für München und Peking könnten ebenfalls eineiige Zwillinge sein und sind doch grundverschieden. Das Büro liebt es, mit ungewöhnlichen Materialien ungewohnte Atmosphären zu gestalten. Und nur selten merkt man es den Bauten an, unter welchem Druck, in welcher Eile sie oft entstanden sind. Herzog springt auf, noch bevor das Interview recht beendet ist. Er muss weg, das nächste Flugzeug erwischen. Zum Glück für seine Bauten gibt es immer einen, der bleibt, seinen ungleichen Zwilling Pierre de Meuron. Aufbruch und Beharrung, das ist ihr Prinzip. Ist das Paradox, das ihre Architektur lebendig macht.

Herr Herzog, was ist eigentlich passiert? Lange war Ihr Büro bekannt für eine strenge und kühle Architektur, für einen puritanischen Minimalismus. Unterdessen haben Sie für Hamburg eine Philharmonie in wogenden Formen entworfen und für München ein Fußballstadion als Weichgebilde – aus Askese wurde Wollust. Haben Sie Ihre Prinzipien verraten?
Überhaupt nicht, wir sind uns heute treuer denn je. Als wir neu im Beruf waren, wollten wir dem Formenüberschwang der Postmoderne etwas Abstraktes und Minimales entgegensetzen. Nach und nach haben wir dann aber gemerkt, dass der Minimalismus auch eine Falle ist. Das Reinigen und Klären der Form hat etwas Sektiererisches und Protestantisches. Die ganze Moderne wollte ja weg von den Ornamenten und vom Sinnlichen, sie lebte von der Idee, alles demselben Raster zu unterwerfen. Das Irrationale und Lokale hat sie ausgetrieben.

Und deshalb sind Sie konvertiert?
Wie kommen Sie darauf?

In manchen Ausstellungen über Ihr Büro zeigen Sie zum Beispiel lauter verwunschene Gegenstände, die nur entfernt noch an Architekturmodelle erinnern. Überall wird gebastelt, geknetet, gespielt – so als sei Architektur die hohe Kunst des Unbewussten.
Das ist sie wohl auch, aber keineswegs ausschließlich. Wir wollen nicht das Rationale, sondern das Ideologische der Moderne relativieren. Unsere Mittel dazu sind seit je konzeptioneller und intellektueller Natur, viel mehr als handwerklicher. So ist auch das, was Sie als verwunschen bezeichnen, in Wahrheit von klaren Gedanken getrieben. Den roten Zucker zum Beispiel haben wir nicht einfach so beliebig geschmolzen, vielmehr wussten wir ganz genau, wie sich dieses Material verhalten würde. Die entstehenden Schlingen und Blasen haben zwar dennoch etwas Zufälliges an sich, aber es ist ein programmierter Zufall.

Und was interessiert Sie daran?
Mich haben immer Formen fasziniert, die alle Festlegungen unterlaufen. Idealerweise lösen sie komplexe Assoziationen aus und sind nicht eindeutig lesbar. Für uns ist Architektur eine Denkform, die reichhaltige Anreize bieten sollte, sich seiner selbst und der Welt bewusst zu werden.

So verkopft wirken Ihre Häuser gar nicht.
Das sollen sie auch nicht. Wichtig sind ja die unbewussten Eindrücke, alles, was sich einem über Materialien mitteilt, über die Gerüche und die Akustik eines Gebäudes. Wir wollen mit unserer Architektur das Visuelle etwas zurückdrängen und alle Sinne der Menschen reizen.

Ist die allgemeine Reizüberflutung nicht ohnehin schon schlimm genug?
Na ja, meist bekommt man ja nur die Negativreize der hässlichen Architektur zu spüren. Da spricht nichts gegen die Reize des Schönen.

Allianz Arena, München, 2006

Sie bauen an Häusern der Schönheit?

Schönheit ist schließlich das, was uns alle am meisten bewegt. Ich meine damit allerdings nicht unbedingt etwas Harmonisches und Geglättetes, sondern eher das Schöne, das uns verführt und verwirrt. Also etwas, das im Sinne von Herbert Marcuse der Oberfläche eine große Tiefe abgewinnt. Die meisten Menschen nehmen Architektur ja sowieso nicht wahr. Für alle anderen aber soll sie möglichst eine Freude und Überraschung sein und die Wahrnehmung stimulieren. Wir verbringen alle zu viel Zeit ohne Bewusstsein dafür, dass wir überhaupt da sind. Die Architektur kann helfen, das zu ändern, und uns quasi eine buddhistische Haltung zur Welt vermitteln, in der jeder sich öffnet für das, was ist.

Muss ein Architekt nicht politischer denken?

Das ist doch eminent politisch – in dem Sinne, dass jeder ein kritischeres Bewusstsein entwickelt! Außerdem kann das Politische im ursprünglichen Sinne des Worts *polis* nur vom konkreten, einzelnen Projekt her entwickelt werden. Ein Beispiel: In Barcelona haben wir das Edificio Forum gebaut, ein Ausstellungs- und Kongressgebäude, riesig, für 3000 Menschen. Üblicherweise sind solche Gebäude nur einem kleinen Teil der Gesellschaft zugänglich, und die anderen bleiben draußen. Das Gebäude wäre so zu einem Nicht-Ort geworden, zu einem feindlichen Objekt. Weil wir aber wollen, dass es auch in 20 Jahren noch geliebt wird, haben wir das Gebäude angehoben, sodass darunter ein überdeckter Platz mit Lichthöfen und Brunnen entstehen konnte. Wir überredeten den Bürgermeister außerdem dazu, an dem Ort einen Wochenmarkt zu organisieren und eine Kapelle einzurichten. Wir wollten also einen neuen öffentlichen Raum schaffen, der auch von Leuten angenommen wird, die sonst nichts mit Kongressen und Ausstellungen am Hut haben. Allerdings kann man aus diesem Beispiel nichts Allgemeines ableiten, keine Regeln und Rezepte, wie sie die Moderne so liebte. Heute muss der Architekt von Fall zu Fall neu überlegen.

Als eine Art Interpunkteur?
Der Architekt der Moderne glaubte an eine Mission, an eine bessere Stadt für einen besseren Menschen für eine bessere Zukunft. Heute ist es schon ein Erfolg, wenn er etwas anreizen und verbinden und ein paar Energieströme umleiten kann. Viele begnügen sich aber damit, ein paar abgeschirmte Architekturgötzen aufzustellen.

Ihr Prada-Gebäude in Tokyo ist doch auch so ein Götze, oder nicht?
Sicherlich, es ist eine Art Kultort geworden. Ich sage ja aber auch gar nicht, dass nun jedes Gebäude so wie in Barcelona für alle Gesellschaftsschichten offen stehen muss. Für uns ist entscheidend, dass Architektur angenommen und geschätzt, ja geliebt wird.

Und wie weit gehen Sie, um diese Liebe zu gewinnen? Würden Sie Ihre Fassaden auch mit Säulen und Tympanon schmücken?
Kaum bei einem vollständigen Neubau. Wenn es aber darum geht, irgendwo ein Stück zu ergänzen, wieso nicht?

Sie haben nichts gegen Rekonstruktionen?
Rekonstruktion sollte heute ebenso eine Option des Architekten und Urbanisten sein wie die Tabula rasa, also das Bauen aus dem Nichts heraus. Es kommt für uns allein auf den Ort und auf die Bauaufgabe an. Der Wiederaufbau der Frauenkirche in Dresden zum Beispiel erscheint uns richtig zu sein, weil der liturgische Inhalt ähnlich geblieben ist wie vor der Zerstörung. Ich wäre auch für eine Wiederherstellung der Twin Towers in New York, die ein viel eindrücklicheres städtebauliches Statement wären als die jetzige Planung mit dem ganzen Designschnickschnack. Das hätte auch eine ästhetische und emotionale Sprengkraft, die alle Memorials übertrifft.

Hört sich an wie eine sehr postmoderne Einstellung, so als sei alles austauschbar und beliebig.
Es ist alles austauschbar und beliebig. Sehen Sie, die Moderne wollte neue Standards etablieren, die schließlich zu einer neuen Tradition hätten führen können. Da dies nicht gelang, sind wir heute ohne Tradition – ohne verbindliche Regeln und ohne ideologischen Mahnfinger. Das ist der Grund, weshalb es heute so viel Hässliches gibt in den Städten, aber zugleich bietet es eine bisher nie dagewesene Chance für Außergewöhnliches und Neues. China ist heute der Ort, wo Hässliches und Außergewöhnliches in extremster Form und Geschwindigkeit entstehen. Wir planen dort ein neues Stadtquartier für 300 000 Menschen und versuchen möglichst unterschiedliche Raumtypologien für urbanes Leben anzubieten.

PRADA

Dabei hat das 20. Jahrhundert doch gezeigt, dass sich das Urbane, das Unvorhersehbare und Vielschichtige gar nicht planen lassen.
Ja. Es gab vor allem Fehlplanungen und Irrtümer.

Und Sie wollen den Irrtümern einen weiteren Irrtum hinzufügen?
Die Stadt wird gebraucht, also muss sie jemand bauen. Die Frage ist nur, wie man das macht. Weil wir keine grundsätzliche, sondern nur eine spezifische, konkrete Antwort darauf geben können, haben wir die Aufgabe wie ein einziges, großes Architekturprojekt angeschaut und von innen heraus, vom alltäglichen Leben in dieser Stadt her entwickelt. Zusammen mit Leuten vor Ort und dem chinesischen Künstler Ai Wei Wei.

Immer noch werden im gewöhnlichen Städtebau die Wohn- und Büroquartiere streng voneinander getrennt. Lösen Sie auch dieses Paradigma der Moderne auf?
Es gibt mehrere Projekte für Wohnen und Arbeiten in China, bei denen wir beides zusammenbringen wollen: formale Radikalität und programmatische Durchmischung. Bei uns im Westen wäre das nur schwierig zu realisieren, auch wenn sich die Investoren im Westen neuerdings offener für hybride Nutzungen zeigen.

Bislang hat sich Ihr Büro aber nur selten daran beteiligt, solche neuen architektonischen Wohn- und Arbeitsformen zu entwickeln.
Wohnprojekte bleiben bei uns schwierig. Das Subventionswesen ist sehr pingelig, und die eingesessenen Wohnformen lassen wenig Spielraum.

Viele Architekten sind aber auch zu bequem, sich auf diese mühselige Aufgabe einzulassen, zumal sie mit einem Wohnhaus nicht so viel Reputation gewinnen können wie mit einem Museum. Da war die klassische Moderne, die Sie so gern kritisieren, der Gegenwart doch um einiges voraus. In den Zwanzigern hat man radikale neue Grundrisse und Wohnideen entwickelt, und damals hatte man auch nicht unbedingt mehr Geld als heute.
Die Architekten der Moderne haben den Wohnungsbau geradezu exemplarisch dazu gebraucht, eine neue, moderne Gesellschaft zu entwerfen. Wie wir sehen können, ist von dieser Idee einer neuen Gesellschaft nicht viel übrig geblieben, weshalb Wohnexperimente nur noch vereinzelt stattfinden. Der Freiraum der Architekten ist woanders, und er verschiebt sich auch immer wieder. Früher waren das Kirchen, heute Museen oder Flagship Stores, wie etwa unser Prada Store in Tokio. Diese Projekte sind dann erfolgreich, wenn die Bauherrschaft mit dem Architekten eine Art radikale Komplizenschaft eingeht.

Prada Epicenter, Tokio, 2003

Ist denn radikales Denken tatsächlich so wichtig? Mir kommt es eher so vor, als fehlte den Städten eine wohlgestaltete Mittelmäßigkeit. Jedes neue Haus will etwas Besonderes sein, und so entstehen Städte ohne Zusammenhalt.
Der mangelnde Zusammenhalt kommt aber nicht zuerst von den Häusern, sondern von den Menschen. Es sind noch immer die Menschen, welche die Städte so bauen, wie sie es eben können. Städte sind deshalb eine Art petrifizierte psychologische Landschaft. Uns faszinieren diese Petrifikationen in allen möglichen Erscheinungsformen, mittelmäßig oder wohlgestaltet. Deshalb haben wir begonnen, das systematisch zu untersuchen, nicht nur im Büro von Herzog & de Meuron, sondern auch mit unseren Studenten. Und dadurch sind wir noch freier geworden in unserer Wahrnehmung und weniger bereit denn je, uns auf Ideologien irgendwelcher Art festzulegen.

Erklärt das den Wandel Ihrer Architektur?
Dieser Wandel war und bleibt für uns notwendig, um zu überleben. Wir verstehen Architektur und Urbanismus als Vehikel, um etwas zu verstehen. Und um die sich verändernde Welt wahrzunehmen. Insofern ist die architektonische Produktion jedes Architekten natürlich ein Abbild der Welt und noch in viel stärkerem Maß ein Abbild seiner selbst.

Aber warum hat sich Ihre Architektur geradezu sprunghaft entwickelt?
Für uns ist die formale und inhaltliche Ausdehnung auch eine Strategie, uns jeglicher Festlegung, auch dem Branding, zu entziehen und dennoch ständig präsent zu sein. Ähnlich arbeiten heute auch viele Künstler, Thomas Ruff zum Beispiel, die immer wieder neue Werkkategorien erfinden und parallel zu anderen verfolgen.

Sie haben ja immer die Nähe zu Künstlern gesucht. Weshalb eigentlich?
Der wahre Künstler ist unbestechlich und ehrlich. Das klingt zwar doof, ist aber richtig, weil Kunst nur entstehen kann, wenn alle Apriori, Klischees und Beeinflussungen über Bord geworfen worden sind.

Fühlen Sie sich denn selbst als Künstler?
Architektur und Kunst, aber auch Mode, Film, Musik sind heute viel näher zusammengerückt als früher. Wir können gut mit Künstlern, aber auch mit Modemachern wie Miuccia Prada zusammenarbeiten, weil die Arbeitsweise und die Denkweise sich einander angenähert haben. Wie ich vorhin erklärte, sind jeglicher Halt und jegliche Tradition verschwunden, und eine Leerstelle ist entstanden, die der Architekt mit eigenen Strategien und Konzepten füllen muss, falls er dazu befähigt ist. Darin ist der Architekt heute dem Künstler verwandt. Aber das entstehende Produkt ist ein ganz anderes. Architektur ist Architektur, Kunst ist Kunst. Architektur als Kunst ist unerträglich!

Bibliothek der Fachhochschule Eberswalde, 1998

Die Künstler sind für Sie vor allem Pfadfinder, so kommt es mir vor. In Eberswalde haben Sie zum Beispiel eine Bibliothek aus lauter Betonplatten gebaut, denen Bilder von Thomas Ruff aufgedruckt wurden – so als hätte er das Ornament liefern müssen, das Sie sich selbst nicht zutrauten.

Wir waren Thomas' Pfadfinder, und er war unserer. Wir haben uns gegenseitig missbraucht und uns dadurch gegenseitig geholfen. Statt Fotos an der Wand stand da plötzlich ein ganzes Haus ...

... ein minimalistisch strenger Baukörper, ein Ausbund an Bilderlosigkeit, den Sie gleichwohl mit Bildern bedruckten. Ist das nicht fast schon schizophren?

Nicht schizophren, aber vielleicht paradox. Es hat etwas Ikonoklastisches und gleichzeitig etwas enorm Bildhaftes. Es ist ein unheimlicher Klotz und zugleich eines unserer schönsten Gebäude.

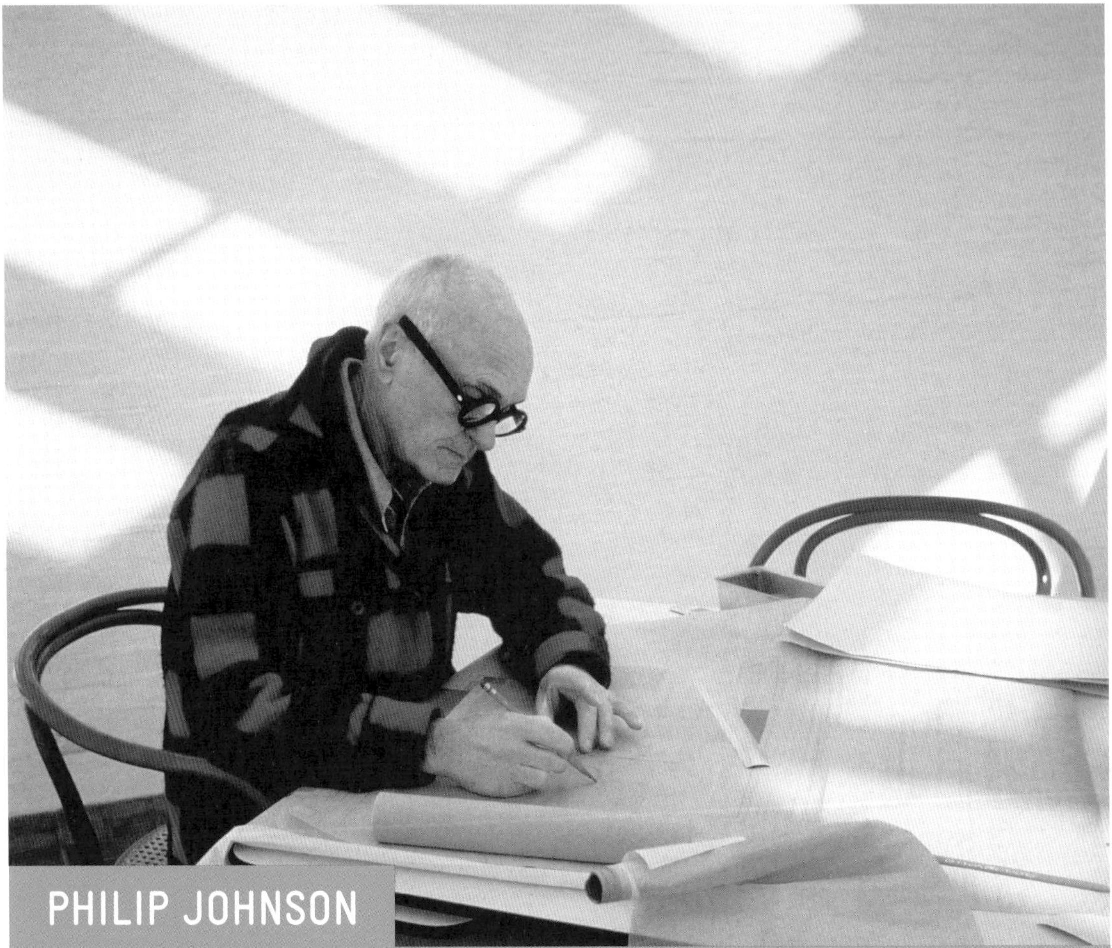

PHILIP JOHNSON

ARCHITEKTUR IST DOCH KUNST, NICHTS ANDERES

Er sitzt ganz oben, wo sonst. Und wo sonst sollte sein ganz oben gelegenes Büro sein als im berühmten Seagram-Hochhaus des berühmten Ludwig Mies van der Rohe in New York. Natürlich könnte er auch in einem Büroturm residieren, den er selbst entworfen hat. Davon gibt es so einige hier in Manhattan, das Lipstick und das AT&T zum Beispiel. Doch Philip Johnson mag das gewisse Understatement, er muss nicht das ganze Gebäude entworfen haben, es reicht, wenn einige wissen, dass er an den Entwürfen fürs Seagram mitgearbeitet hat. Johnson ist ein freundlicher Herr, eine zarte Person, auch im hohen Alter ganz Auge, ganz Ohr. Er lacht gern, mal süffisant, mal erheitert, auch über sich selbst. Sein Leben war voll abenteuerlicher Wendungen. 1906 in Cleveland, Ohio, geboren, studiert er zunächst Philologie, wird dann Kurator in der Architekturabteilung des Museum of Modern Art in New York, forscht und schreibt und beginnt mit dem, was er immer am besten konnte: Beziehungen knüpfen, Talente ausspähen, Begriffe prägen. Er gehört zu den Erfindern von Etiketten wie »International Style« und »Dekonstruktivismus«, viele Architekten verdanken ihm ihre Karriere. Selbst gebaut hat er natürlich auch, die Kunsthalle in Bielefeld etwa oder die Crystal Cathedral in Garden Grove, Kalifornien. Für seinen Freund und sich hat er ebenfalls ein wunderbares Haus aus Glas errichtet.
In diesem Haus ist Philip Johnson im Januar 2005 gestorben.

Mister Johnson, Sie haben ...
Sagen Sie nicht Mister, sagen Sie ruhig Herr. Mein Deutsch ist zwar arg eingerostet, aber mir gefällt Ihre Sprache noch genauso gut wie vor 80 Jahren. Damals bin ich recht oft nach Berlin gereist, ich war ganz versessen auf Ihr Land.

Was faszinierte Sie denn so sehr?
Meine Neugierde ist wohl durch Nietzsche geweckt worden. Den habe ich schon bewundert, als ich noch Philosophie studierte. Seither ist er mein Lieblingsdenker. Doch viel mehr noch begeisterten mich das Bauhaus und die vielen Architekten, die sich vorgenommen hatten, mit der Geschichte Schluss zu machen und etwas ganz Neues aufzubauen. Ich ließ mich anstecken von dieser Radikalität, dem Feuer in den Köpfen. Für mich öffnete sich in den Bauten dieser Architekten, in ihren weißen, hellen, nackten Kisten, eine unbekannte Welt. Die hatte nichts mehr mit dem Mief der Vorzeit zu tun. Die Last der Ornamente, das Elend des 19. Jahrhunderts wurden einfach abgeschüttelt.

Und heute? Wie gefällt Ihnen die deutsche Architektur?
Hitler, der Krieg, der wirtschaftliche Zusammenbruch – das alles hat den Deutschen ihr Selbstvertrauen genommen. Keiner von ihnen spielt in der Weltliga der Architekten. Sie sind viel zu sehr darauf bedacht, alles ganz richtig zu machen, bloß nicht zu sehr aufzufallen. Natürlich kann bei so einer Haltung keine große Architektur entstehen. Man muss sich doch nur Berlin ansehen, was da in den letzten Jahren gebaut worden ist – schauderhaft. Fast alle diese Bauten erzählen von der Angst, Berlin ist eine Stadt der Angst. Das letzte Mal, als ich dort war, konnte ich es kaum ertragen – so viel Langeweile, so viel Unfreiheit.

Das Bürohaus, das Sie selbst in Berlin gebaut haben, ist aber auch nicht gerade ein Ausbund an Lebendigkeit.
Leider nicht, da haben Sie recht. Ich finde es auch fürchterlich. Doch habe ich mich in diesen Auftrag reindrängen lassen, ich hatte die Macht der Berliner Baubürokraten unterschätzt.

In jüngster Zeit hat die Stadt doch auch Sehenswertes hervorgebracht.
Ja, immerhin gibt es diesen grandiosen Blitz von Daniel Libeskind. Und auch das neue Kanzleramt hat etwas Gelöstes, etwas Großzügiges. Das gefällt mir, auch wenn ich es nur von Bildern kenne. So etwas Unkonventionelles hätten sich die Politiker bei uns niemals gestattet.

Vielen in Deutschland ist dieser Bau unheimlich, weil er nicht in die Sehgewohnheiten passt. Die Sehnsucht nach dem Traditionellen ist sehr groß, in Berlin wird sogar das alte Stadtschloss neu gebaut. Verstehen Sie das?
Natürlich verstehe ich das. Die Leute wollen etwas Schönes, sie wollen ein wenig Glanz in ihrer grauen Stadt. Außerdem wäre das Schloss eine herrliche Provokation für die oft eingebildeten Gegenwartsarchitekten – schon deshalb liebäugele ich mit der Idee seiner Wiederkehr. Ich fürchte nur, dass die meisten Leute vom Schloss am Ende doch

AT&T Building, New York, 1984

enttäuscht sein werden. Das war in Wahrheit ein elender Kasten, ich habe ihn ja noch selbst gesehen. So grob und unproportioniert. Selbst Schinkel konnte sich damit nicht anfreunden. Ich glaube, er wäre froh gewesen, das Schloss abreißen und für sein Altes Museum ein anderes Gegenüber bauen zu dürfen. Ich liebe Schinkel, er ist für mich einer der Größten. Dass man jetzt in seinem Namen diesen Barockklotz rekonstruieren will, das hat er nicht verdient.

Ihre Bauten aber haben doch auch oft die Geschichte zitiert, Ihr AT&T-Gebäude in New York gilt als Fanal der Postmoderne. Warum plädieren Sie dann jetzt dafür, auf dem Schlossplatz etwas Modernes zu bauen?
Ich plädiere weder für die Moderne noch für sonst irgendetwas. Ich finde nur, dass dieses Schloss ein scheußliches Gebäude war. Ich würde Berlin etwas Schöneres wünschen.

Wie dies dann aussieht, ist Ihnen egal?
Völlig egal. Wichtig ist nur, dass die Architektur ein Staunen auslöst. Dass sie die Menschen erfreut, aufmuntert oder gar zu Tränen rührt. Bei mir war das damals so, als ich

als 13-Jähriger zusammen mit meiner Mutter die Chartres-Kathedrale in Paris besuchte. Ich stand da und wusste nicht mehr, wie mir geschah. Am Ende war ich in Tränen aufgelöst. Wenn einem Architekten das gelingt oder nur ein bisschen davon, dann ist er gut. Wie ihm das gelingt, ist gleichgültig.

Sie sind bekannt dafür, dass Sie immer sehr auf den Effekt erpicht waren und die Stile ständig wechselten. Ist Ihnen nie der Gedanke gekommen, dass Formen und Materialien auch etwas bedeuten?
Bedeuten? Die Architektur soll doch schmücken und erheben, sie braucht keine Bedeutung. Sie ist keine Politik, keine Philosophie. Das war doch gerade der große Irrtum der frühen Moderne – sie meinte, mit einer radikalen Formensprache die Menschen zu einem radikal anderen Leben erziehen zu können. Sie wollte die Welt verbessern, und das kann die Architektur nicht.

Was kann sie denn?
Sie kann die Menschen erfreuen, sie verwundern, sie kann dafür sorgen, dass diese sich wohlfühlen. Das ist doch schon viel.

Der Architekt hat also keine soziale Verantwortung?
Nein, die hat er nicht. Wer die vielen Probleme der Menschheit lösen will, der sollte nicht Architekt werden, sondern Politiker oder Naturwissenschaftler. Oder er wird Bauherr und errichtet Unterkünfte für Arme und Kranke. Hoffentlich dann mit einem guten Architekten.

Mich erstaunt, dass Sie die sozialen Ambitionen der Moderne so leichtfertig abtun. Sie selbst waren doch einer der großen Fürsprecher und haben mit großen Architekturausstellungen in New York das Bauhaus in den USA erst bekannt gemacht. Konnten Sie denn die Ästhetik abtrennen von den ethischen Anliegen?
Klar, das konnte ich. Walter Gropius und seine Beglückungsfantasien, die waren mir von Anfang an suspekt. Die Moderne war für mich vor allem ein Stil. Was mich ansprach, waren die radikalen neuen Formen, ich mochte den revolutionären Wandel, die Veränderung.

Diese Leidenschaft für die Veränderung hat Sie Ihr Leben lang begleitet und Sie sogar in den Rechtsradikalismus getrieben. Erst warben Sie für das Bauhaus, nur wenige Jahre später zogen Sie als Berichterstatter mit Hitler in den Krieg gegen Polen. Wie konnten Sie so mir nichts, dir nichts umschwenken?
Ich fürchte, ich bin gar nicht umgeschwenkt. Ich bin mir sogar sehr treu geblieben in meiner Liebe für das Radikale, für eine Ästhetik, die alles durchdringen und jeden neu formen will. Da gab es ja durchaus Parallelen zwischen dem Bauhaus und den Nazis. Beide waren darauf aus, Geschichte zu machen. Und da wollte ich natürlich dabei sein. Ich war ja noch sehr jung damals. Auch von Stalin war ich eine Zeit lang sehr begeistert. Doch all das bereue ich noch heute, diese Missverständnisse haben mich mein Leben lang verfolgt.

Das klingt, als seien Sie gegen alles Ideologische immunisiert worden.
Für mich hat Ideologie nichts mit Architektur zu tun. Da gibt es kein Gut und kein Böse. Mir gehen diese moralischen Fragen auf die Nerven.

Sie galten immer als Ketzer, waren berüchtigt für Ihre spitze Zunge. Zugleich haben Sie die Architekten mit Huren verglichen, sie als bloße Handlanger der Bauherren beschrieben. Warum waren Sie nie kritisch, gerade nach Ihren Erfahrungen mit den Diktatoren?
Ich bin doch kritisch, nur meine Bauten sind es nicht. Architektur kann gar nicht kritisch sein, sie kann sich der Wirklichkeit nicht widersetzen, für die sie geplant wird. An so was glaubt ja selbst Peter Eisenman nicht mehr. Doch habe ich keineswegs immer das getan, was die Auftraggeber von mir wollten. Die wissen ja oft gar nicht, was sie möchten. Und so konnte ich sie oft für Dinge begeistern, die sehr ungewöhnlich und spektakulär waren. Sie sehen: Ich habe keine Überzeugungen, aber ich habe Geschmack.

Sind Sie ein Zyniker?
Wie kommen Sie denn darauf? Nein, dafür liebe ich die Architektur viel zu sehr, dafür bin ich viel zu euphorisch. Ich habe immer versucht, mir meine Neugier zu bewahren. Und ich habe dieser Neugier immer nachgegeben, habe auf meine Stimmungen gehört. Mal habe ich mich mit Glashäusern befasst, dann mit so schönen geschwungenen Bauten wie dem Lipstick-Gebäude hier in New York. Für mich gibt es nichts Absolutes. Und deshalb sind mir Architekten suspekt, die einmal eine Masche erfunden haben und von dieser dann nicht mehr lassen können. Letzte Wahrheit nennen sie das dann und stellen überall auf der Welt dieselben Dinger ab, so wie dieser Deutsche, wie heißt er noch gleich, ach ja: Ungers. Furchtbar puritanisch.

Ihnen missfällt die Strenge?
Wir sind doch heute befreit von allen Dogmen, es herrscht Relativismus. Wir können tun, was wir wollen. Das ist eine anstrengende Freiheit, und doch ist sie wunderbar. Ich jedenfalls kann es genießen, dass die alten Ideologien endlich tot sind. Nur unsichere Leute erfinden sich dann schnell ihre eigenen Maximen, an die sie sich ketten können. Aber ich sollte nicht zu viel über die Kollegen lästern, ich bin ja auch kein guter Architekt.

Sind Sie nicht?
Andere sind jedenfalls viel besser als ich. Die sind viel freier, viel genialer in ihren Ideen. Frank Gehry, der ist für mich der Größte. Wie wichtig der ist, wird man erst in 50 Jahren so richtig verstehen. Ich habe mich immer für Leute wie ihn eingesetzt, Leute, von denen ich wusste, dass sie mehr Talent haben als ich. Ich habe Gehry gefördert und Eisenman, die Jungen eben, auch wenn die nun auch schon über 70 sind.

Viele werfen Gehry vor, er würde Kunst machen, nicht Architektur.
Diese Kritiker haben eben keine Ahnung. Architektur ist doch Kunst, nichts anderes. Sicher, sie muss auch viele Funktionen erfüllen. Aber die Form folgt diesen nicht, sondern umgekehrt. Mich interessiert immer zuallererst, was die Menschen in meinen

Häusern fühlen, was sie dort spüren, welche Stimmung sie in ihnen wecken. Daran muss ich denken, nicht an Fluchtwege, an Kabelkanäle und Windfänge. Daran denkt dann schon mein Partner, der kümmert sich ums Praktische. Wenn ich das selbst machen müsste, wäre mir alle Lust an der Architektur verdorben.

Ist es diese Lust, die Sie zu immer neuen Bauten treibt? Eigentlich könnten Sie doch aufhören und stolz auf Ihr üppiges Lebenswerk zurückschauen – warum tun Sie es nicht?
Um ehrlich zu sein: Mir geht es einfach dreckig, wenn ich kein Projekt habe, an dem ich herumdenken kann. Das ist, als wäre ich lebendig begraben. Ich habe das mal eine Zeit lang ausprobiert, es ging nicht.

Gibt es etwas, das Sie in der Arbeit suchen?
Nein, es geht mir nicht um eine Suche. Es geht mir um den Wandel. Wenn ich ein Haus plane, dann gibt mir das die Möglichkeit, mich zu verändern, wieder Neues auszuprobieren. Für mich ist das der Inbegriff von Leben. Und wenn ich das nicht spüren kann, dann brauche ich gar nicht mehr aufzustehen. Also lasse ich mich immer noch ins Büro fahren, bespreche mich mit meinen Leuten, entwickle neue Ideen, auch wenn mir das immer schwerer fällt. Es ist schon fürchterlich, in so einem alten Körper zu stecken.

So sehr Sie den Wandel lieben, bestimmten Dingen sind Sie doch treu geblieben. Sie leben immer noch in jenem Glashaus, das Sie vor über 50 Jahren in Connecticut bauten – es war Ihre Examensarbeit. Warum sind Sie nie umgezogen?
Darüber habe ich mir nie Gedanken gemacht. Vielleicht, weil mich dieses Haus immer wieder überrascht, es erfreut mich jeden Tag aufs Neue. Warum sollte ich mir ein anderes suchen?

Glass House, New Canaan, Connecticut, 1949

REM KOOLHAAS

MICH INTERESSIERT NICHT NEUTRALITÄT, MICH INTERESSIERT KOMPLEXITÄT

Er ist einer der wenigen Architekten, die nicht mit ihren Entwürfen, sondern mit ihren Büchern weltweit bekannt wurden. Schon mit seiner Manhattan-Theorie »Delirious New York« von 1978 machte sich Rem Koolhaas einen Namen; mit dem mächtigen Band »S, M, L, XL« von 1995 gelang ihm der Durchbruch. Auch vorher hatte er mit seinem Büro OMA wichtige Bauaufträge bekommen, etwa für die Kunsthalle in Rotterdam. Doch erst Ende der neunziger Jahre begann für Koolhaas, 1944 in Rotterdam geboren, die Weltkarriere als Architekt. Das Büro schwoll an, von einem Dutzend Mitarbeiter auf rund 250 – und Koolhaas, hager und hoch aufgeschossen, wirkt nun noch gehetzter als zuvor. Seit Jahren verbringt er mehr Zeit im Flugzeug und in Hotels als daheim in London oder im Büro in Rotterdam, er baut in New York ebenso wie in Singapur oder Dubai. Bekannt sind vor allem seine Niederländische Botschaft in Berlin, seine Bücherei für Seattle und die Casa da Música in Porto. Seinen größten Auftrag bekam er aus China: In Peking baute er für das Staatsfernsehen CCTV ein waghalsig geknicktes Hochhaus. Doch ist für ihn das Schreiben und Forschen weiterhin wichtig. Mit seinem zweiten Büro AMO berät er Museen, Modefirmen, selbst die Europäische Union. Immer wieder hat Koolhaas so den Beruf des Architekten erweitert, er will alles zugleich sein: Drehbuchschreiber, Lehrer, Politiker und, ja, auch Häuserbauer.

Herr Koolhaas, wohl nie zuvor waren avantgardistische Gebäude so populär wie heute. Hat für die Architekten das Goldene Zeitalter begonnen?
Ich glaube eher, dass wir gerade den globalen Triumph des Exzentrischen erleben. Lauter extravagante Bauten entstehen, Bauten ohne Inhalt, ohne Funktionalität. Es geht ausschließlich um spektakuläre Formen und natürlich ums Ego der Architekten.

Überrascht Sie das?
Ich staune schon. Die Bauwelt hat sich in nur 15 Jahren radikal verändert.

Woran liegt das?
Daran, dass Medien und Architektur mehr denn je voneinander abhängig sind.

Die Medien sind schuld?
Wer hat den »Stararchitekten« denn erfunden? Die Medien mit ihrer grotesken Gier nach Sensationen und aufregenden Bildern. Dadurch haben sich die Erwartungen an die Architekten massiv verändert. Sie sollen nicht mehr gut durchdachte, komplexe Gebäude entwerfen, sie sollen Wahrzeichen abliefern, Icons, die sich medial vermarkten lassen.

Ist das denn neu? Schon Bauhaus-Architekten nutzten die Medien, um für ihre Bauten zu werben. Der Eiffelturm oder die Sydney-Oper wurden als Wahrzeichen vermarktet.
Aber heute wird alles geprägt durch die letzte Ideologie, die wir noch haben, durch die Ideologie des Marktes. Vor 15 Jahren war es selbstverständlich, dass die Architekten für öffentliche Bauherren planten und das Gemeinwohl im Blick hatten. Diese soziale Dimension des Bauens ist mittlerweile fast verschwunden, der Staat hat sich zurückgezogen. Heute kommen die wichtigsten Aufträge von den Privaten, und die sehen in der Architektur meist nur eine Werbemaßnahme, einen Renditebringer, alles andere ist egal.

Aber die vielen neuen Museen und Konzerthäuser werden doch meist von öffentlichen Bauherren finanziert.
Am Ende läuft das aufs Gleiche hinaus, weil nämlich auch viele Städte dem Aufmerksamkeitssyndrom verfallen sind und nur noch der ökonomischen Logik folgen. In Wahrheit investieren sie nicht in Kultur, sondern in Effekte, in Marketing.

Immerhin ist heute die Risikobereitschaft vieler Bauherren erstaunlich groß. Sie lassen sich auf baukünstlerische Experimente ein, die noch vor zehn Jahren undenkbar waren.
Gut, die Freiheit der Architekten ist größer denn je, es gibt heute mehr Möglichkeiten. Doch paradoxerweise birgt jede dieser Möglichkeiten viel mehr Begrenzungen als früher. Denken Sie zum Beispiel an die fantastischen Siedlungen, die J. J. P. Oud bauen konnte. Der plante nicht nur ein paar Fassaden, sondern bestimmte auch darüber, wie viele Schulen, Kirchen, Bäckereien in einem Quartier entstehen sollten.

Und Sie trauern dieser Allmacht nach?
Überhaupt nicht, noch nicht mal in meinen schwachen Momenten. Der Architekt als genialer Weltenschöpfer, daran kann heute niemand mehr glauben. Ein tragfähiges utopisches Modell ist leider nicht in Sicht, nichts, woran sich ein Architekt festhalten könnte. Was also bleibt ihm, wenn er nicht bis zum Ende seiner Tage nur noch hübsche Ornamente entwerfen will?

Sagen Sie es.
Ich habe keine Antwort. Ich kann nur sagen, dass ich mich für Inhalte interessiere, für Strukturen, für das, was Architektur eigentlich ausmacht.

Was macht denn Architektur aus?
Seit der Aufklärung sind es immer dieselben Fragen: Wie wollen wir leben? Welche Möglichkeiten eröffnet uns die Moderne mit ihren Freiheiten und dem technischen Fortschritt? Am Ende also: Was macht uns glücklich?

Ihre Bauten sind ein Glückversprechen?
Na, das ist eine Frage, die müssten Sie beantworten. Sie sind doch der Kritiker.

Ich wüsste es gerne von Ihnen.
Ich bleibe lieber bescheiden. Kein Architekt kann sich noch anmaßen, das Glück vorschreiben zu können. Allerdings komme ich natürlich auch nicht ohne Ideale und einen gewissen Optimismus aus. Na gut, vielleicht kann ja die Architektur von OMA manche Menschen tatsächlich glücklich machen, nicht indem sie ihnen das Glück verordnet, sondern indem sie Zwänge überwindet. Sie zwingt einen nicht, Zeit und Kraft zu verschwenden, sie setzt etwas frei, sie öffnet Räume.

Das klingt aber nebulös.
Nein, nein, das ist sehr konkret. Denken Sie zum Beispiel an Dubai, wo derzeit die abenteuerlichsten Pubertätsbauten entstehen. Dort planen wir etwas Ernstes, Erwachsenes, ein Stadtquartier, das möglichst urban sein soll. In Dubai fährt man ja immer mit dem Auto, selbst wenn man nur von einem Gebäude zum nächsten will. Bei uns hingegen wird man zu Fuß laufen können, es wird eine Metro geben, wir werden Wohnungen und Büros mischen, alles, um den Autismus der Architektur aufzubrechen.

Wenn Sie so ein neues Quartier planen, haben Sie dann ein Idealbild im Hinterkopf?
Wenn ich träume, dann von Orten, die möglichst zugänglich, möglichst öffentlich sein sollen. Aber ich sträube mich gegen Idealbilder, die würden in Dubai auch gar nicht funktionieren. Dieser Auftrag ist ja eigentlich sehr abstrakt, weil wir nicht wissen, wie sich die Gesellschaft dort weiterentwickelt, wer dort leben und arbeiten wird, welche Bedürfnisse das Quartier erfüllen muss.

Heißt das, Sie müssen etwas möglichst Offenes, Unbestimmtes planen?
So kann man das sagen.

Eigentlich müssten Sie neutrale Kisten planen.
Mich interessiert aber nicht Neutralität, mich interessiert Komplexität. Mir gefallen Gebäude, die nicht autoritär sind, die wenig festlegen und möglichst viele Optionen bieten. Ob am Ende jemand diese Optionen nutzt, das bleibt natürlich offen. Ich kann als Architekt nur Angebote machen, mehr nicht.

Und welche Rolle spielt dabei das Äußerliche, die Gestaltung? Darüber haben Sie noch gar nicht gesprochen.
Es gibt bei allen unseren Projekten eine dezidiert künstlerische Komponente. Aber man kann darüber, finde ich, nicht sehr produktiv sprechen.

Warum nicht?
Weil es da vor allem um Gefühle geht. Wir interessieren uns sehr dafür, wie die Menschen auf unsere Bauten reagieren, welche Resonanz sie finden. Aber wenn ich jetzt in so einem Interview erläutern würde, was man in den Gebäuden fühlen sollte oder könnte, dann wäre das absurd. Dann wäre die Architektur am Ende auch nichts anderes als ein Themenpark mit inszenierten Gefühlen und programmierten Stimmungen.

Bordeaux Villa, 1998

Ich frage nur, weil es bei Ihnen oft so klingt, als wäre das Bauen vor allem eine Strukturfrage, etwas sehr Rationales.
Nein, gute Architektur ist immer beides, sehr rational und sehr irrational.

Manche Ihrer Bauten wirken gar surreal.
Es gibt diese Dimension, das stimmt. Ich fühle mich vom Surrealismus beeinflusst, allerdings eher unterbewusst. Und dort, im Unterbewusstsein, soll es auch ruhig bleiben. Darüber zu sprechen, führt nirgendwohin.

Würden Sie Ihr Gebäude fürs chinesische Staatsfernsehen CCTV surrealistisch nennen?
Es hat zumindest etwas seltsam Befremdliches. Das ist mir erst aufgefallen, als der Bau stand und die schrägen Türme verbunden waren. Es ist das einzige mir bekannte Gebäude, das sowohl Vordergrund als auch Hintergrund ist. Es steht ganz für sich und nimmt doch Kontakt auf, es verbindet sich mit dem städtischen Kontext. Außerdem schätze ich seine monumentale Fragilität, die manchmal schön, manchmal merkwürdig wirkt.

Mir scheint es vor allem eines dieser Icons zu sein, die Sie so schrecklich lieben.
Natürlich hat ein Bauwerk dieser Größe immer etwas Zeichenhaftes, das lässt sich nicht vermeiden. Es ist aber nicht eines dieser zweidimensionalen Abziehbilder, es bietet ungeheuer viele Perspektiven, es sieht stets anders aus, je nachdem, von wo man guckt.

Wollen Sie damit eine Art politischen Sendeauftrag formulieren: die Welt aus vielen Blickwinkeln zu betrachten und nicht nur aus der verordneten Sicht des Staatsfernsehens?
Schön, dass Sie das so sehen.

Sehen Sie es denn auch so?
Ach, ich will das Gebäude nicht auf irgendeine Botschaft festnageln.

Sie scheuen die Festlegung.
Ich habe einen Hang zur Klaustrophobie.

Wortwörtlich oder metaphorisch?
Beides, denke ich.

Aber selbst wenn Sie die Bedeutungsräume möglichst offen halten wollen – dass so ein politisches Bauwerk auch eine politische Aussage trifft, werden Sie kaum bestreiten, oder?
(Schweigen) Es ist wohl unweigerlich politisch.

Heißt das, Ihre Architektur wird auch politisch vereinnahmt? Oder direkter gefragt: Paktieren Sie mit einer Diktatur?
Einen Augenblick *(springt auf, rennt aus dem Zimmer, bleibt zwei, drei Minuten verschwunden und kommt mit einem Buch zurück)*. Hier, das sollten Sie lesen: »What does China think?« von Mark Leonard, einem Freund von mir.

Sie meinen, bei ihm finde ich eine Antwort auf meine Frage.
Sie werden verstehen, warum es falsch ist, China nur als eine Diktatur zu verdammen. Das Land ist in den letzten Jahren ungeheuer weit gekommen, es hat große Fortschritte gegeben und es gibt sie weiterhin, jeden Tag. Ein ganz und gar unterentwickeltes ökonomisches System hat sich binnen kürzester Frist reformiert, und damit haben sich auch viele Freiheitsrechte entwickelt, zum Beispiel das Recht auf Eigentum.

Und wie steht es um die Menschenrechte, um das Recht auf Meinungsfreiheit zum Beispiel?
Natürlich muss sich da noch vieles tun, die Frage ist für mich nur, wie man das erreicht. Und da halte ich es für ziemlich einfältig, dass der Westen immer nur kritisiert. Der Westen ist kritisch, immer nur kritisch. Diese Art von Dauerkritik führt aber nur in eine Sackgasse.

Warum das?
Weil der Westen nicht so tun kann, als besäße er immer noch die Welthegemonie. Im Moment erleben wir eine drastische Verschiebung, plötzlich verlagern sich die Kräfte nach China, nach Südostasien, in den arabischen Raum. Lauter Nicht-Demokratien gewinnen an Einfluss.

Gerade deshalb ist es doch wichtig, die Werte der Demokratie hochzuhalten.
Aber mit moralischer Überheblichkeit kommt man nicht weiter. Das führt nur zu einer Polarisierung, und die ist unproduktiv. Wir müssen einfach anerkennen, dass die Rechte des Individuums, die uns so heilig sind, in Ländern wie China keine Tradition haben. Und dass es daher auch kulturelle Unterschiede gibt, was die Mitsprache und den Protest angeht. Es gibt ja durchaus viele Chinesen, die sich gegen den Abriss alter Häuser wehren oder gegen den Bau von Staudämmen. Nur ist das oft anders organisiert als bei uns, man vermeidet den offenen Konflikt.

Oder man sperrt die Protestierenden ins Gefängnis. War es für Sie überhaupt eine moralische Frage, ob Sie den Auftrag von CCTV annehmen?
Natürlich war das eine moralische Frage. Was denken Sie denn? Ich bin doch kein Zyniker.

Und warum haben Sie sich am Ende für den Auftrag entschieden?
Das habe ich eben versucht zu erklären. Wenn es die Möglichkeit der Zusammenarbeit gibt, dann sollte man die annehmen. Denn jede Zusammenarbeit heißt ja, sich auf den anderen, auf seine Regeln, seine Denkweise einzulassen. Nur so, glaube ich, können sich die Dinge verändern.

Was genau hat sich denn durch das CCTV-Projekt verändert?
Das sind natürlich langsame, unsichtbare Veränderungen. Ich fände es auch völlig irrsinnig zu erwarten, dass China von gestern auf heute so werden soll wie wir. In Europa hat die Entwicklung der Demokratie einige hundert Jahre gebraucht. Dennoch scheint es mir so zu sein, dass sich vor allem die progressiven Kräfte in unserem Gebäude wiedererkennen. So wird bei CCTV gerade darüber diskutiert, ob man das Staatsfernsehen

Hauptverwaltung des chinesischen Staatsfernsehens CCTV, Peking, 2008

aufteilt, in einen traditionellen Teil und in einen modernen, der sich stark an der BBC orientiert. Und die modernen, aufgeklärten Fernsehleute sollen dann in unser Gebäude einziehen. Bei aller Bescheidenheit, für mich scheint der Bau doch einen Wandel zu markieren.

Würden Sie denn auch für andere Diktaturen bauen, für Nordkorea zum Beispiel?
Wenn die New Yorker Philharmoniker in Nordkorea auftreten, dann wird das doch auch als ein Zeichen der Annäherung und Verständigung verstanden. Wieso müssen sich die Architekten rechtfertigen?

Vielleicht weil Architekten nach den Erfahrungen des 20. Jahrhunderts leicht in den Verdacht geraten, die Macht zu verherrlichen.
Aber wir verherrlichen nicht, wir nehmen uns die Freiheit, eigene, ungewöhnliche Ideen zu entwickeln. Und nur wenn ein Bauherr uns diese Freiheit einräumt, nehmen wir den Auftrag an. Deshalb stellt sich die Frage auch gar nicht, ob wir für Nordkorea bauen würden. Denn es gibt kein Angebot der Zusammenarbeit, das Land ist nicht offen, es sucht nicht den Kontakt. Und das unterscheidet es von China.

Und dass in China für viele der Großprojekte, auch für das CCTV-Gebäude, sklavenähnliche Wanderarbeiter eingesetzt werden, bereitet Ihnen kein schlechtes Gewissen?
Es gibt vieles, was mir in China nicht gefällt. Ich glaube aber, dass wir pragmatisch sein müssen. Es ist natürlich leicht, sich vorzustellen, dass die gegenwärtige Entwick-

lung Chinas schiefläuft. Und so denken ja auch viele im Westen, sie glauben nicht an eine positive Entwicklung. Mir kommt es klüger vor, sich einen positiven Verlauf vorzustellen.

Sie haben ja immer wieder Negatives ins Positive gewendet, Sie haben einen dicken Band über Shopping geschrieben, haben sich mit den gesichtslosen Stadträndern beschäftigt, haben das urbane Chaos in Nigeria untersucht. Was treibt Sie dazu?
Es steht nirgends geschrieben, dass ein Architekt nur schöne Häuser bauen soll. Mich interessiert einfach auch das, was man Realität nennen könnte, die Flughäfen, Gewerbegebiete, Vorstädte. Ich möchte mir gern ein möglichst neutrales Bild machen, wie es in unserer Welt zugeht. Ich will beschreiben, analysieren, ohne gleich zu bewerten.

Könnte man sagen, Sie sind Ihren journalistischen Anfängen treu geblieben?
Ich glaube, nicht nur denen.

Welchen denn noch?
Ich habe nicht nur als Journalist gearbeitet, ich habe auch Drehbücher geschrieben. Und es ist schon so, dass mir die Arbeit an einem Gebäude manchmal so vorkommt, als würden wir ein Filmskript schreiben. Es geht um Spannung, um Atmosphäre, um Rhythmus, um die richtige Abfolge von räumlichen Eindrücken.

Wenn Sie Ihr eigenes Leben verfilmen sollten, womit würden Sie beginnen?
Vielleicht ganz konventionell mit meiner Kindheit.

Weil Sie sich daran gern erinnern?
Weil das für mich eine sehr ereignisreiche Zeit war. Ich wuchs auf in einer Stadt, die es nicht mehr gab, in Rotterdam, das von den Deutschen völlig verwüstet worden war. Für Kinder natürlich ein großartiger Ort der Entdeckungen. Mit acht Jahren zogen wir dann nach Indonesien, wo auch alles in Bewegung war, das Land war gerade unabhängig geworden. Ich musste Indonesisch lernen, war bei den Pfadfindern und all das. Ich vermute, dieser Zeit verdanke ich meine asiatische Ader.

Ihre asiatische Ader?
Als wir zurückzogen nach Rotterdam, war dort alles ordentlich, gerade und sauber, so furchtbar langweilig, ganz ähnlich wie heute viele Städte aussehen, die eigentlich keine Städte, sondern Vorstädte sind. Damals merkte ich, wie sehr es mir in Indonesien gefallen hatte, wie vorläufig und unfertig dort vieles war. Wie lebendig das Chaos ist, die Märkte zum Beispiel. Unter offenem Himmel wird da gehandelt, gefeilscht. Wer das einmal erlebt hat, der ist für unsere sterilen Einkaufszonen verloren.

Sie meinen, Sie fühlten sich in Ihrer Geburtsstadt eher als ein Fremder als in Indonesien?
Das weiß ich nicht. Es gefiel mir einfach, die Welt von außen betrachten zu können, als jemand, dem nicht alles selbstverständlich erscheint. Und in gewisser Weise gehört das bis heute zu unseren Methoden hier im Büro, bei jedem Auftrag möglichst von null anzufangen und alles, was man vermeintlich weiß, zu vergessen. Wir haben das in

Seattle so gemacht, als es darum ging, eine neue Vorstellung von dem zu gewinnen, was heute eine Bibliothek sein kann. Oder in Porto, wo wir lange über andere Funktionen und Formen für ein Konzerthaus nachgedacht haben.

Das klingt fast, als hätten Sie diese Gebäude gar nicht gebaut.
Wir haben gebaut. Aber Bauen ist für mich immer Forschung, eine Form des Nachdenkens und Infragestellens.

Bauen als Kritik?
Ich glaube nicht, dass Architektur kritisch oder subversiv sein kann. Es gibt zwar noch Architekten, die das anders sehen, Peter Eisenman zum Beispiel. Er nennt es subversiv, wenn seine Wände ein wenig schräg sind. Subversion als eine neue Art von Stil, mehr ist das nicht.

Würden Sie sich denn als konventionellen Architekten bezeichnen?
(lacht) Nein, das nun auch wieder nicht. Vielleicht kann man sagen, dass ich das Bauen als pragmatische Form von Kritik verstehe, als einen gegenseitigen Lernprozess, wobei das nicht immer ganz leicht durchzuhalten ist. Eine paradoxe Situation: Auf der einen Seite will man kritischen Abstand bewahren, auf der anderen Seite in ein Projekt eintauchen. Nicht selten mussten wir uns auf Dinge einlassen, von denen wir gar nicht genau wussten, ob dabei etwas Sinnvolles entstehen würde. Ob sich also unsere Fragen produktiv machen und in einen Entwurf umsetzen ließen. Eine Zeit lang war ich zum Beispiel davon überzeugt, dass man Städte nicht sinnvoll planen kann. Wir hatten Lagos untersucht, eine Riesenstadt, die sich ganz und gar selbst organisiert und bestens ohne alle Planer und Architekten auskommt, was mir sehr symptomatisch für die Stadtplanung insgesamt zu sein schien. Dennoch wurden wir immer wieder gebeten, an Städten zu arbeiten, Pläne zu entwickeln, und wir ließen uns auf diese Projekte ein, ohne recht an sie glauben zu können.

Aus Lust am Scheitern?
Nein, es ging uns darum, uns auch selbst, unsere Außenperspektive in Frage zu stellen. Denn erst wenn man sich auf ein Projekt einlässt, kann man ja beurteilen, welche Spielräume es gibt. So erging uns das übrigens auch mit Lagos. Mittlerweile gibt es viele Anhaltspunkte dafür, dass erst Stadtplaner die Voraussetzungen für die sich selbst organisierende urbane Entwicklung geschaffen haben. Es braucht eben doch immer beides für eine lebendige Stadt, das Geplante und Ungeplante. Zusammen ergeben sie die nötige Spannung.

Gilt das für Ihre eigene Arbeit auch, für die Spannung aus Theorie und Praxis?
Wir versuchen jedenfalls, diese Spannung systematisch zu kultivieren. Eine Zeit lang war das sehr schwierig, weil wir bei jedem Projekt alle unsere kritischen Erwägungen in den Entwurf hineinnehmen wollten. Vor ein paar Jahren haben wir aber neben OMA ein zweites Büro gegründet, AMO. Unsere Forschungsstation, eine Art Denkfabrik.

Zentralbibliothek, Seattle, 2004

Heißt das, Sie haben sich aufgespalten in einen Jekyll und einen Hyde? Jekyll baut, Hyde denkt?

(lacht) Jekyll weiß ja nichts von Hyde und Hyde nichts von Jekyll, das unterscheidet uns dann doch. Vieles von dem, was AMO beschäftigt, fließt auch in die Entwürfe ein. Aber es bedeutet für uns eine unglaubliche Freiheit, über Dinge systematisch nachdenken zu können, ohne immer gleich bauen zu müssen. Es gibt ja einen großen Bedarf für architektonisches Denken jenseits konkreter Projekte.

Sie beraten Prada genauso wie die Europäische Union – sind Sie der McKinsey der Baubranche?

Bei den üblichen Beratern geht es ja nur um die Steigerung der Profite. Das interessiert uns nicht, davon verstehen wir auch nichts. Worum es uns im Kern geht, ist Propaganda für ideelle Werte. Das ist so ähnlich wie bei der Kunst, die ja auch ihre finanzielle Seite hat und doch eigentlich von den Inhalten und von der Ästhetik lebt. Uns geht es um diese Inhalte, um die Ästhetik.

Um was für Inhalte geht es denn, wenn Sie Prada beraten? Um mehr als um Mode und Umsatz?
Natürlich auch darum, aber eben nicht nur. Zum Beispiel geht es um den öffentlichen Raum, also um die Frage, ob Modeläden mehr sein können als Modeläden. Ob sie nicht zugleich ein Vortragssaal oder eine Galerie oder sonst irgendeine Art von kulturellem Treffpunkt sein können.

Mir kommt das eher wie eine raffinierte Vermarktungsstrategie vor, wenn sich eine Boutique als öffentlicher Raum oder Kulturzentrum ausgibt.
Das mag auf den ersten Blick so sein, aber manche Themen, die wir bei unseren Aufträgen einschmuggeln, entwickeln dann ihr Eigenleben. Und wenn es uns im Verbund mit Prada gelingt, das Augenmerk auf den öffentlichen Raum zu lenken, sodass er als etwas Wichtiges, ja, Kostbares erscheint, warum sollte daran etwas schlecht sein?

Sie sind ein Romantiker.
Wie kommen Sie darauf?

Am Ende glauben Sie doch daran, mit Ihrer Architektur die Welt verändern zu können.
Na gut, in dem Sinne bin ich ein Romantiker. Doch das romantische Genie, der Künstlerheld, hat längst abgedankt.

Aber muss man nicht ein Held sein, wenn man selbst die EU für beratungsfähig hält?
Ich interessiere mich nun mal für Ideen. Und ich finde, dass die meisten Europäer und auch die EU selbst viel zu wenig von ihren eigenen Ideen wissen, von ihren Idealen, könnte man auch sagen. Mir gefällt es jedenfalls, dass die Europäer nicht versuchen, eine Art Superstaat zu gründen. Vielmehr wollen sie ihre Unterschiede so weit es geht bewahren, sie erklären ihre Unterschiedlichkeit zur Tugend. Wie großartig, wie wunderbar komplex das ist, wollen aber die meisten Europäer nicht wahrhaben. Deshalb überlegen wir, wie sich neue Erzählformen, neue Narrative für diese Ideen finden lassen. Das ist umso wichtiger, als die EU ja bislang vor allem als ökonomische Interessensgemeinschaft wahrgenommen wird. Das heißt: Wenn die Marktwirtschaft an ihr Ende kommt, dann ist das Bündnis akut gefährdet, es sei denn, wir verstehen endlich seine eigentlichen Werte. Derzeit sind ja die Semi-Diktaturen der Welt ökonomisch sehr erfolgreich, ein Modell, das natürlich auch vielen hier im Westen sehr attraktiv erscheint.

Ist die Marktwirtschaft tatsächlich am Ende?
Es ist doch offenkundig, dass der Markt in vielen Bereichen versagt. Die Wirtschaft wächst und wächst, und doch können wir uns vieles nicht mehr leisten, das wir uns vor wenigen Jahrzehnten noch ganz selbstverständlich leisten konnten. Damit meine ich keineswegs nur die Architektur, die unter immer höherem Kostendruck steht und immer billiger produziert wird. Schauen Sie sich unser Gesundheitssystem an oder die

Schulen und Unis oder die öffentlichen Schwimmbäder – in vielen Bereichen können wir offenbar den Standard von einst nicht mehr halten und das, obwohl immer mehr Geld verdient wird.

Und neue Narrative sollen daran etwas ändern?
Nein, wir können nur versuchen, auf solche Defizite hinzuweisen und ebenso auf unerkannte Stärken. Vielleicht beginnt es damit, die eigenen Widersprüche produktiv zu machen. Sehen Sie, China hat es da leicht, das ist weder klar kommunistisch noch klar kapitalistisch. Das Land ist ein Zwitter und nicht zuletzt deshalb so erfolgreich. Europa hat es schwerer, es sieht in sich selbst vor allem das bürokratische Monster. Dabei ist die Komplexität dieses Bündnisses wirklich staunenswert, auch die Systematik, mit der da gearbeitet wird, jenseits der üblichen Politshows. In gewisser Weise ließe sich die Bürokratie sogar als ungeheurer Erfolg verstehen, der viel zum friedlichen Miteinander der Staaten dieser Welt beiträgt.

Wie das?
Durch die Normen und Regeln, die sie formuliert. Es gibt ein Regelwerk, das ausgedruckt ein ungefähr sieben Meter dickes Buch ergibt. Diese Regeln werden auch von Staaten außerhalb der EU übernommen, und zwar nicht nur, wenn diese mit EU-Ländern handeln wollen, sondern oft auch, wenn sie untereinander handeln, Alaska mit Marokko zum Beispiel. Das europäische System schafft Verlässlichkeit, es definiert Formen der Zusammenarbeit, nicht durch Armeen, sondern durch Regeln. Ich finde, das ist eine überraschende Erkenntnis.

Ist es das, was Sie an Ihrem Beruf besonders lieben: die Überraschung?
Es vergeht eigentlich kein Tag, an dem ich mich nicht wundere, auch über mich selbst.

Und es wird Ihnen nie zu viel?
Manchmal schon.

Und dann?
Dann tauche ich ab.

Wohin?
Ich schwimme jeden Tag, oft ein, zwei Stunden. Egal, wo ich bin, ich suche mir ein Schwimmbad.

Das Schwimmbad als Zuflucht?
Nein, als der letzte Ort einer klassenlosen Utopie. Man begibt sich ganz hinein, alle nackt und ohne den üblichen Halt, man lässt sich treiben. Wenn ich ein Land verstehen will, dann muss ich dort nur ins Schwimmbad gehen.

DANIEL LIBESKIND

DIESES GEBÄUDE ERZÄHLT EINE GESCHICHTE

Wie lässt sich Vergangenheit bauen? Wie Bedeutung konstruieren? Noch schwieriger: Wie kann man mit der Architektur von Auschwitz sprechen, wie das Unsägliche sagen? Vor diesen Fragen stand Libeskind, als er 1988 seine Pläne für das Jüdische Museum in Berlin entwarf. Seither sind Erinnerung und Leid, die Leere und das Zerbrochene zum Thema vieler seiner Bauten geworden. Nicht zuletzt auch deshalb, weil er selbst, Jahrgang 1946, manche Verwerfungen des 20. Jahrhunderts am eigenen Leib erfahren hat. Geboren wurde Libeskind in Lódz, wanderte mit seinen Eltern zunächst nach Israel aus, dann in die USA, studierte dort Musik, und eine Zeit lang lebte er von seinem Pianisten-Talent. Dann aber entschied er sich für die Architektur und vor allem für deren Theorie. Das philosophische Durchdringen schien ihm lange wichtiger zu sein als das Bauen. Am Ende wurden ihm aber doch viele große Aufträge übertragen, zum Beispiel in Manchester ein Kriegs- und in Denver ein Kunstmuseum. Schließlich betraute man ihn sogar mit den gewaltigen Planungen für Ground Zero in New York (auch wenn am Ende von seinem Masterplan nicht viel übrig blieb). Normalerweise gibt es Vorbehalte gegen philosophisch-intellektuelle Architekten; Libeskind aber ist stets so gut gelaunt, immer strahlend, immer lachend und jungenhaft charmant, dass er viele Bauherren für sich gewinnen konnte.

Herr Libeskind, einer Ihrer erstaunlichsten Bauten ist das Jüdische Museum in Berlin – das wurde von über 350 000 Menschen besucht, noch bevor es überhaupt eröffnet hatte. Manche denken bis heute: Die Architektur ist so sprechend, es braucht gar keine Ausstellung.
Das leere Gebäude war eine Ausstellung für sich, da haben Sie recht. Und ich war natürlich glücklich, dass viele Leute sich auf intellektuelle und emotionale Weise mit dem Gebäude identifiziert haben. Doch ohne die vielen Exponate des Jüdischen Museums hätte auf die Dauer doch die Leere dominiert, und damit wäre das Gebäude in seiner Wirkung viel zu sehr auf den Verlust, auf die Auslöschung der jüdischen Kultur festgelegt worden. Es ist ja kein Holocaust-Museum.

Manche der Ausstellungsmacher klagen allerdings über den Zickzack-Bau. Warum haben Sie nicht mehr Rücksicht auf deren Bedürfnisse genommen?
Natürlich ist dieses Gebäude keine konventionelle Kiste, aber es stimmt einfach nicht, dass es die Kuratoren hier besonders schwer haben.

Sie werden nicht bestreiten, dass Ihr Gebäude eine ausgeprägte eigene Didaktik verfolgt?
Es ist nicht didaktisch, es ist sehr offen. Jeder ist eingeladen, sich sein eigenes Bild von dem Gebäude zu machen, von dem, was es darstellt. Es gibt viele Interpretationen, die Architektur gleicht einem Text, der immer wieder aufs Neue ausgelegt wird, mal originell, mal schief, mal klug. In jedem Fall spüren die Leute, dass dieses Gebäude eine Geschichte erzählt, doch keine eindimensionale und keine abgeschlossene.

Besteht nicht die Gefahr, dass durch Ihre sprechende, sehr emotionale Architektur jeder Besuch im Jüdischen Museum zu einer Art Erlebnisreise wird, zu einem Ausflug in den Themenpark Holocaust? Warum dramatisieren Sie etwas, das ohnehin schon dramatisch genug ist?
Das sind doch zynische Vorwürfe! Wer meint, sich über die Vermarktung des Holocaust beschweren zu müssen, der übersieht, dass sehr viele Menschen sich für die Schoah interessieren. Sie wollen wissen, was in jenen Jahren geschah. Und sie begreifen die Vergangenheit nicht als etwas, das vorüber ist, sondern fragen nach den Auswirkungen auf unser heutiges Leben. Natürlich würden manche Kritiker das Gebäude gern als Kitsch abtun, als etwas Gestelltes und Unechtes. Doch ich kenne keinen Besucher, der meine Architektur als unglaubwürdig erlebt hätte. Im Gegenteil, die meisten sind von der Ernsthaftigkeit, auch von der Vielschichtigkeit des Gebäudes überrascht. Deshalb ist es so beliebt.

Wollen Sie sagen, Ihr Gebäude sei nüchtern und zurückhaltend?
Nein, das nicht. Aber ich wollte nie etwas simulieren, nichts liegt mir ferner als ein jüdischer Themenpark. Gleichwohl war es mir wichtig, auch den Emotionen einen Raum zu geben. Manche Leute stehen in dem Holocaust-Turm des Museums und empfinden Trauer und Bestürzung, andere sehen darin einen spirituellen Raum und sprechen von Hoffnung. Jeder kann hier seinen Gefühlen nachspüren, kann das im Museum Gesehene, Gehörte, Gelesene reflektieren.

Jüdisches Museum, Wege im Untergeschoss, Berlin, 1999

Aber ist eine lustvolle, auch sinnenfrohe Architektur den Zwecken angemessen?
Die Leute sollen das Museum auch genießen und sich darin wohlfühlen, sonst wäre es ja nur ein Mahnmal, eines, das einmal im Jahr von staatlichen Gedenkfeiern heimgesucht wird.

Das Museum als Ort, zu dem man gern hingeht?
Ja, durchaus. Für ein Mahnmal würde ich das zwar nicht so formulieren, für ein Museum aber schon. Es ging mir nicht darum, klaustrophobische oder fatalistische Räume zu entwerfen. Es gibt auch Licht, auch Ausblicke auf das Humane und die Zukunft. Das Gebäude ist also nicht auf den Holocaust fixiert, sondern es gibt ein breites Spektrum an Stimmungen. Auch die unglaublichen Glücksmomente der jüdisch-deutschen Kultur und Geschichte in Berlin finden ihren Ausdruck.

Das klingt, als wollten Sie eine harmonische Ausgewogenheit.
Natürlich habe ich kein Museum entworfen, das die Seelen befriedet oder das vorgibt, alle Wunden würden von der Zeit geheilt. Der Holocaust war keine kurzfristige Bild- und Tonstörung, sondern ein Einschnitt, der alles veränderte, alles in Deutschland, alles für die Juden. Auch wenn die jüdische Geschichte natürlich weitergeht und man nach einer helleren Zukunft sucht, wird bei aller Helligkeit ein Schatten bleiben. Ich glaube, das ist auch in meinem Museum für jeden Besucher deutlich zu spüren.

Aber was genau spürt man dort? Und wodurch eigentlich spürt man es?
Mit der Macht der Architektur ist es wie mit der Macht des Wortes – wie sie funktioniert, ist nur schwer zu sagen. Ich weiß nur, dass sie sehr direkt wirkt, man muss nicht lesen können, muss nicht gebildet sein. Das Gebäude wird durch seine Räume und Materialien die Besucher beeinflussen, es wird auf bestimmte Dinge hindeuten, es wird die Art und Weise prägen, in der sie sich die Ausstellung ansehen. Es ist keine Black Box, sondern behauptet seine eigene Wirklichkeit. Und verleiht damit auch der Vergangenheit eine leibhaftige Gegenwart: Die Geschichte ist nichts Virtuelles, nur Ausgedachtes – das ist die Botschaft meiner Architektur.

Viele Menschen umschreiben diese Wirkmächtigkeit Ihres Gebäudes als magisch oder mystisch. Mystifizieren Sie den Holocaust?
Bestimmt nicht. Ich versuche lediglich, eine Dimension unserer Geschichte in Architektur zu übersetzen, die man wohl als paradox und unbegreiflich bezeichnen muss: dass man sich nämlich nicht über die Leistungen eines Moses Mendelssohn freuen kann, ohne zugleich daran zu denken, was mit seiner Familie geschah. Es ist wie in der Musik von Schönberg, wo man in einem melodischen Ganzen auf eine Tonalität stößt, die unsere Erfahrungen aufspaltet. Plötzlich fühlt man sich entrückt, versetzt, irritiert. In diesem Sinne ist auch meine Architektur kein intellektueller Überbau, sondern provoziert Gefühle der Verstörung und verleiht dem Museum eine Tiefe. Es geht nicht nur um Spaß und um das Offensichtliche – das zwar auch, aber ebenso lässt sich hier das Unsichtbare empfinden.

Das Museum also als eine Art Kirche?
Es ist ein säkulares Gebäude. Denn auch die Geschichte entsteht ja nicht aus irgendwelchen mythischen Urgründen. Gleichwohl sind natürlich Glaube und Religion auch Teil der Geschichte und als solche auch Teil meines architektonischen Entwurfs.

Warum aber muss die Architektur überhaupt eine so wichtige Rolle spielen? Warum halten Sie sich nicht stärker zurück?
Auch eine rechtwinklige Kiste ist doch kein neutrales Gebäude! Mir würde so eine Art von Architektur nicht gefallen, sie hätte für mich etwas Niederdrückendes, weil sie so leblos und aller Ideen beraubt ist. Wie kann ein Bau, der in seiner äußeren Erscheinung ganz reduziert ist, etwas über die Komplexität unserer Geschichte und Gegenwart erzählen? Der Reichtum der Realität, auch ihre Widersprüche, werden da doch eingeebnet. Ich kann mit solchen Rationalisierungsversuchen, wie sie etwa Peter Zumthor für das NS-Museum »Topographie des Terrors« vorgesehen hatte, nichts anfangen. Für mich muss Architektur immer auch Ausdruck einer Suche sein, einer Forschung und Nachfrage. Schließlich werden wir nie endgültig wissen, was in der Vergangenheit wirklich war. Wir glauben nur, dass wir das wissen.

Ihr Museum ist so expressiv und vieldeutig, dass sogar vorgeschlagen wurde, es zum Holocaust-Mahnmal umzuwidmen. Hätten Sie sich das vorstellen können?
Das Museum besitzt ja durchaus Elemente eines Mahnmals, den Holocaust-Turm zum Beispiel oder die Leerräume, die Voids. Und wohl kein jüdisches Museum an diesem Ort käme ohne solche Gedenkräume aus, schließlich geht es hier ja nicht nur darum, einfach ein paar schöne, kostbare Exponate auszustellen.

Ist das Museum folglich ein Ort der Trauer?
Darüber habe ich noch nie nachgedacht, manche Menschen mögen das so sehen. Für mich ist das Museum vor allem ein Emblem der Hoffnung, es ist der Beweis dafür, dass auch künftige Generationen unsere Geschichte bewahren und ernst nehmen werden. Das Museum handelt also nicht nur von unserer Vergangenheit, sonst wäre es ja tatsächlich nur ein erstarrtes Mahnmal, ein Ort des Rückblicks. Nein, dieses Museum gleicht eher einem lebenden Organismus, nichts wird abgeschlossen, nichts ist beendet. Hier geht es auch um das Kommende.

Ist Aussöhnung Ihr Ziel?
Das ist ein Wort, mit dem ich nichts anfangen kann. Mein Ziel war es, mit meiner Architektur der Ausstellung eine Art Störfaktor einzubauen. Die Leute sollen sich im Jüdischen Museum gut unterhalten, sie sollen sich wohlfühlen und sich beeindrucken lassen. Doch wollte ich verhindern, dass sie sich in Nostalgie flüchten können, in eine gute alte Zeit, die mit der Gegenwart nichts mehr zu tun hat.

Jüdisches Museum, Außenansicht, Berlin, 1999

Aber können Sie mit Ihrer Architektur die Erinnerung beflügeln? Vor allem die mächtige Symbolsprache Ihres Baus erschwert doch eher den persönlichen Zugang.
Sie meinen den geborstenen Davidstern? Den zuckenden Blitz? Das sind doch alles Symbole, die gar nicht existieren. Die haben sich manche Leute zurechtgelegt, weil sie die Offenheit und Zeichenlosigkeit meiner Architektur nicht ertragen. Doch das Gebäude wehrt sich gegen solche vorschnellen Zuschreibungen und monodimensionalen Interpretationen. Es geht diesem Museum ja auch nicht um Entnazifizierung, um grob gerasterte Lehren. Es geht nicht um eine Pflichtveranstaltung, um Wissen, das man den Leuten eintrichtern müsste. Vielmehr soll hier die Möglichkeit eröffnet werden, tiefer in die Geschichte einzutauchen. Es gibt keine vorformulierten Metaphern, dafür aber viele Angebote zur Aneignung und Anteilnahme. Natürlich kann man Erinnerung nicht ein- und ausknipsen wie einen Fernseher, aber vielleicht gelingt es der Architektur dennoch, wie ein Katalysator zu wirken, der das Erinnern verstärkt und es in viele Richtungen gleichzeitig lenkt. Das zumindest wäre mein Wunsch: dass die Leute dieses Museum mit einer Erfahrung verlassen, die ihnen etwas bedeutet. Dass sie nicht unbeteiligt bleiben.

Jüdisches Museum, Innenansicht des Holocaust-Turms, Berlin, 1999

GREG LYNN

ARCHITEKTUR IST EIN AUSDRUCK VON HEIMWEH

Auch Los Angeles hat sein Venedig, den Stadtteil Venice. Beschaulich ist es hier, alles ein wenig verwildert. Hinter einer hochgewucherten Hecke steht das Häuschen von Greg Lynn und hinter dem Häuschen eine Art doppelstöckige Garage. Unten Kinderspielzeug und Schaukelstühle, oben ein winziges Büro, vollgestopft mit Computern und Modellen, mittendrin der Architekt. Ein Schlaks von fast zwei Metern, sommerlich entspannt, mit wildem Lockenschopf und einer raffinierten Leichtbaubrille – man könnte ihn für eines dieser kalifornischen Wunderkinder des Virtuellen halten, die ihren Lebenssinn allein in den Weiten des digitalen Netzes suchen. Sehr real ist allerdings der Erfolg dieses Architekten, Jahrgang 1964. Längst ist er die Leitfigur einer jungen Generation, die auf der Suche ist nach neuen, ungesehenen Formen und Räumen. Und auch das Establishment – Großtheoretiker wie Peter Eisenman oder Rem Koolhaas – zollt ihm Respekt und hat ihn in seine Zirkel aufgenommen. Einige vielbeachtete Gebäude hat er auch schon bauen können, eine Kirche in New York zum Beispiel. Doch immer noch genügt ihm die Hinterhofgarage, aus großen Lautsprechern bollert Tanzmusik, das Leben ist locker. Auf der Veranda stehen zwei angerostete Sessel aus Stahlgeflecht, wir setzen uns.

Wie kommt es, dass Sie in einem Haus wohnen, das ganz normal und fast ein wenig langweilig aussieht – Sie gelten doch als radikaler Neuerer?
Sie übersehen, dass dieses Haus eigentlich ein Paradies ist. So wie dieser ganze Stadtteil von Los Angeles, der Venice heißt und als Vergnügungspark und Paradies gebaut wurde. Überall hob man damals Kanäle aus, eine künstliche Natur entstand. Die Häuser wurden in einer Fabrik fix und fertig vorgebaut, von einer Kaufhauskette per Bahn angeliefert und hier aufgestellt. Dieser kleine niedliche Bungalow, in dem ich wohne, ist also in Wirklichkeit eine radikale Innovation der zwanziger Jahre. Diese Radikalität würde ich gerne auch für mich reklamieren. Selbst wenn sie in 50 Jahren nostalgisch und gemütlich aussehen sollte wie dieses Haus. Der Notwendigkeit des Neuen können wir uns nicht entziehen.

Warum nicht? Wir könnten uns doch auch mit dem Bewährten zufriedengeben.
Natürlich ist jede Architektur ein Ausdruck von Heimweh und damit auch von Nostalgie. Doch diese Nostalgie auch noch zu recyceln finde ich inakzeptabel. Nein, die guten alten Zeiten waren nicht so gut, wie manche meinen. Auch die Zukunft wird nicht nur großartig sein. Doch wir haben keine andere Wahl, als weiterhin zu versuchen, durch Erneuerung die Welt zu verbessern.

Was wäre denn eine Verbesserung?
Die Menschen wollen Häuser, in denen sich die Vorstellungen unserer Zeit wiederfinden. Die Architektur tut aber immer noch so, als sei sie überzeitlich. Oder sie duckt sich und möchte so unsichtbar sein wie nur möglich.

Sie wollen eine modische Architektur?
Ich habe nichts gegen Mode. Ich finde, man sollte die Architektur viel stärker behandeln wie Musik oder Malerei. Nur dann wird sie wieder an Relevanz gewinnen, wird sie wieder wichtig für unsere Identität.

Das klingt, als wäre Architektur wie eine neue Sonnenbrille, die man sich zulegt, wenn einem die alte nicht mehr gefällt.
Es mit der Bedeutung der richtigen Sonnenbrille aufzunehmen, das wird schwer. Aber warum nicht? Verstehen Sie, ich will, dass die Architektur gesellschaftlich so relevant wird wie zum Beispiel die Beatles. Die haben zu ihrer Zeit einem Lebensgefühl ihre Stimme gegeben. Auch heute hört man sie immer und immer wieder. Dennoch käme niemand auf die Idee, den Beatles-Sound nur zu kopieren. Allein in der Architektur glaubt man noch, man könne das einmal Erreichte bis in alle Ewigkeit fortsetzen. Dabei unterschätzen die meisten Architekten, dass sie mit ihren Bauten keine neutrale Hülle errichten, sondern die Atmosphäre mitbestimmen. Ein Gebäude prägt also die Menschen auf eine subtile Weise, die schwer zu beschreiben ist. Aber je stärker wir diese Subtilitäten berücksichtigen, desto wichtiger wird Architektur wieder für den Alltag. Sie wird authentischer.

Fühlen Sie sich frei von der Geschichte?
Nein, keineswegs. Es geht mir auch nicht darum, ein Vakuum zu schaffen, in dem alles erst neu erfunden werden müsste. Alberti zum Beispiel beschäftigt mich, seine Forderung, dass man bei einem guten Gebäude nichts hinzufügen, aber auch nichts entfernen könne. Wie entwirft man so etwas? Das ist so ein theoretisches Interesse, das mich zu Forschungen antreibt.

Auf der Biennale in Venedig haben Sie vor einigen Jahren auch so eine Art Forschungslabor aufgebaut. Wonach suchten Sie da?
Sie meinen mein Embryologisches Haus, ein Forschungsprojekt, unterstützt durch staatliche Zuschüsse und Kunstmuseen. Was mir vorschwebt, sind Häuser, die einem zeitgenössischen Verständnis von Körper entsprechen. Ich will diese aber nicht nur für ein paar wagemutige Gönner bauen. Mein Ziel ist die Massenproduktion, doch ohne die übliche Monotonie des Fertigbaus. Die rechnergesteuerten Maschinen der Industrie erlauben uns ein unerhörtes Maß an Individualisierung. Denkbar ist eine unendliche Anzahl von Variationen.

Es sind sehr geschmeidige Formen, weich und organisch. Streben Sie nach einer natürlichen, einer erdverbundenen Architektur?
Wie in einem Ökosystem sollen die einzelnen Teile meiner Häuser in abhängiger Verbindung zueinander stehen – sodass eine Veränderung in einem Teil zu Anpassungen in allen anderen Teilen des Hauses führt. In gewisser Hinsicht gibt es da Parallelen zwischen dem Bauen und dem Kochen, denn beides sind Prozesse, in denen sich alles miteinander verbindet, sich verändert und am Ende zu einem gemeinsamen Ganzen wird.

Sie streben nach Harmonie, nach einer neuen Einheit der Lebenssphären?
Das unterscheidet meine Generation von Leuten wie Peter Eisenman oder Rem Koolhaas. Wir fürchten uns nicht vor holistischen Konzepten. Meine Häuser sollen so harmonisch sein, wie es die klassische Architektur war. Ich will aber nicht deren strenge Ordnung, sondern eher eine bewegliche, interaktive Struktur.

Warum harmonisch?
Weil in der Harmonie Ordnung sichtbar wird und auch Schönheit. Und darum geht es in der Architektur: Ordnung und Schönheit.

Schluss mit dem Dekonstruktivismus?
Vor zwei Jahren kam Frank Gehry einmal hier vorbei, weil er gehört hatte, dass wir an ähnlichen Dingen arbeiten. Dann sah er meine Modelle und sagte überrascht: »Nein, wir machen doch nicht das Gleiche – deine Sachen sehen ja harmonisch aus.« Unsere Formen ähneln sich, doch unsere Interessen sind andere. Was vielleicht auch eine Generationenfrage ist.

Ein Generationenkonflikt?
Mich interessiert die Suche nach neuen Formen gestörter Ordnung nicht mehr. Weder kann ich mit der Postmoderne etwas anfangen noch mit einer Architektur, die nur

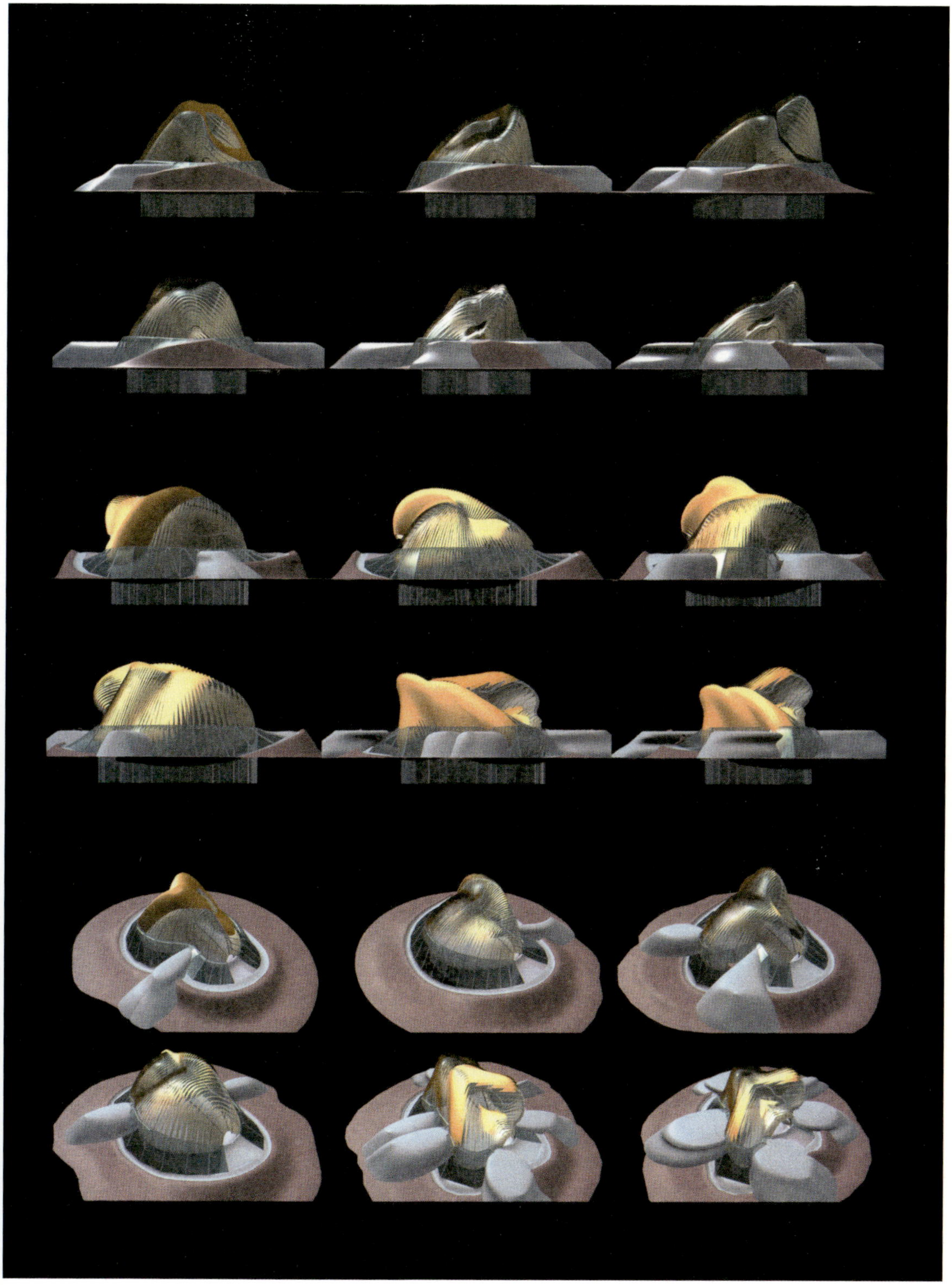

Embryological House, 1999

nach Fragmentierung strebt. Stattdessen suche ich nach neuen Methoden der Organisation und lasse mich vom Utopismus der sechziger Jahre tragen. Die Architektur muss sich wieder einfädeln und die Wirklichkeit anderer Künste aufnehmen.

Ähnlich wie im Jugendstil?
Mit dem Totaldesign jener Zeit begann die moderne Architektur. Die natürlichen Formen wurden wichtiger als die klassischen Stilkonventionen. Zugleich rückten industrielle Fertigungstechniken in den Vordergrund – noch eine Ähnlichkeit zu meiner Arbeit. Allerdings bin ich nicht dem Stil oder den Formen der damaligen Zeit verbunden.

Viele frühe Heroen der Moderne wollten die Gesellschaft umkrempeln. Sie auch?
Für mich steht nicht die soziale Frage am Anfang, eher ist sie Teil des Entwurfsprozesses – da zeigt sich, wie man sozialen Problemen durch architektonische Lösungen begegnen kann.

Einige Kritiker sagen, es ginge Ihnen nur um schöne Formen.
Es gibt dieses merkwürdige Vorurteil, dass ein Architekt, dem die Form wichtig ist, sich nicht um soziale Belange kümmern würde. Als gäbe es nur das eine oder das andere. Es wäre ehrlicher von den Kritikern, wenn sie offen zu ihrer Ablehnung der Formen stehen würden, statt zu behaupten, eine formbewusste Architektur sei nicht funktionstüchtig oder verfolge kein gesellschaftlich relevantes Projekt.

Womit beginnt denn für Sie ein Entwurf?
Für mich ist immer die Frage, wie bewege ich mich in einem Haus, und was nehme ich wahr, wenn ich mich in ihm bewege. Man soll eine rhythmische Veränderung spüren, wie in einer Musik, die alle Elemente verbindet. Zuerst denke ich dabei an das Innenleben eines Hauses, danach beschäftige ich mich mit dem Verhältnis des Inneren zur Umgebung.

Ein Rückzug ins Private?
Vielleicht. Vielleicht ist es aber auch eine Reaktion auf meine Erfahrungen bei Peter Eisenman, für den ich lange gearbeitet habe. Dort ging es immer erst um die Massenverteilung, um die grobe Gliederung des Äußeren. Die Interieurs waren stets nur Nebenprodukt.

Ihr erstes Gebäude, das realisiert wurde, ist eine Kirche in New York. Die sieht ganz anders aus als die Computerentwürfe – wie erklärt sich das?
Mit dem Computer erprobe ich lediglich neue Entwurfstechniken. Hingegen wollen viele Leute so bauen, dass die Gebäude aussehen wie im Computer: fließend, sanft und glatt. Mir gefällt eher das Abgeschnittene und Durchlöcherte, die Vielschichtigkeit. Auch die Kirche sah im Entwurf wie eine riesige Blase aus und veränderte sich dann.

Ihr Büro ist vollgestopft mit Computern. Es sieht aus, als hätten Sie ebenso gut ein Erfinder für Videospiele werden können.
Noch vor meiner Geburt hatten meine Eltern festgelegt, dass ihr Sohn Architekt werden sollte. Meine Mutter hatte irgendwo gelesen, dass Frank Lloyd Wright schon in ganz jungen Jahren zum Baukünstler getrimmt worden war, und so besuchte auch ich schon als Kind alle möglichen Kurse. Als ich dann ins College kam, war ich von den meisten bautechnischen Seminaren so gelangweilt, dass ich meinen Abschluss in Philosophie gemacht habe.

Warum dann doch die Architektur?
Verrückterweise interessierte mich an der Philosophie am meisten die Geschichte der Geometrie, und so war der Sprung zurück nicht schwierig. Bis heute sehe ich mich aber als Grenzgänger, für mich sind Zeit, Raum und Bewegung auch immer philosophische Fragen.

Grenzgänge per Computer?
Seit dem 18. Jahrhundert ist die Arbeitsteilung ja ganz klar: Der Architekt erfindet die Formen, der Ingenieur kann sie analysieren und berechnen. Durch den Computer wird diese Trennung jetzt aufgehoben und die Intuition gestärkt. Ganz neue Formen werden freigesetzt.

Was denn für welche?
Ich wünsche mir Häuser, die gewachsen sind. Denn das spürt man sofort, ob ein Objekt durch die Zeit geformt worden ist oder nicht.

Ein wachsendes Haus?
Im Computer durchläuft das Haus einen Prozess, der einem Wachstumsvorgang ähnelt. Natürlich beschränkt sich das auf die Phase des Entwurfs, in der wir alle möglichen Variablen simultan interagieren lassen. Heraus kommt eine Form, die sehr komplex ist und organisch in der Erscheinung. Alles ist sehr genau auf die Wünsche des Nutzers zugeschnitten.

Die Frage, wie unsere Städte in Zukunft aussehen und sich entwickeln könnten, spielt dabei aber keine besondere Rolle.
Ich habe über diese Fragen lange nicht nachgedacht. Natürlich ist mir das Thema Urbanität wichtig, doch denke ich immer erst an das Gebäude und dann an die urbane Struktur. Ich habe ja auch lange überhaupt nicht über konkrete Modelle nachgedacht, mich interessierte Grundlagenforschung.

OSCAR NIEMEYER

VIEL WICHTIGER ALS DIE ARCHITEKTUR IST FÜR MICH DAS LEBEN, SIND FREUNDE UND FAMILIE

Auch mit 100 Jahren fährt er noch jeden Tag in sein Atelier, hoch über den glitzernden Wellen der Copacabana. Jeden Tag türmen sich auf seinem Schreibtisch die Faxe und Briefe, die Anfragen und Aufträge. Oscar Niemeyer ist ein öffentlicher Mensch, ein viel geehrter, heftig gehasster – der letzte Mitbegründer der Moderne. Lassen Sie uns lieber über Literatur sprechen, sagt er, über den Kosmos, über die Frauen. Und spricht dann doch über sein Jahrhundert, über die Jahre radikaler Formen und die Sehnsucht nach Veränderung. 1907 kam er in Rio zur Welt, als Sohn deutschstämmiger Einwanderer. Er studierte Architektur, arbeitete zusammen mit Le Corbusier am Entwurf für das neue Erziehungsministerium, das erste öffentliche Monument der Moderne in Lateinamerika. Wo man in Europa der Vernunft traute, setzte Niemeyer auf Gefühl. Früher als irgendwer sonst, 1940 schon, stemmte er sich gegen das monotone, funktionalistische Bauen. Zum Volkshelden wurde er, als er mit schwungvollen, schwebenden Betonkörpern der neuen Hauptstadt Brasília ein Gesicht gab. Nur wenig später allerdings musste er nach Frankreich emigrieren, denn schon damals war er Mitglied der Kommunistischen Partei und fürchtete die neuen Machthaber in Brasilien. Für die KP in Paris baute er eine Parteizentrale, für einen Verleger in Mailand eine grandiose Bauskulptur. Doch seine Heimat blieb Rio, und bald kehrte er zurück. Als er 100 wurde, feierten sie ihn dort wie einen Volkstribun.

Sie haben in Ihrem Leben alles erreicht, was ein Architekt erreichen kann. Doch noch immer machen Sie weiter, immer noch bauen Sie neue Gebäude – warum?
Wissen Sie, so alt zu werden, ist schon ein ziemlicher Mist. Aber was bleibt mir übrig, ich bin nun mal so alt geworden. Und so mache ich weiter, etwas anderes habe ich ja auch nicht gelernt. Sie täuschen sich allerdings, wenn Sie glauben, für mich sei ausschließlich die Architektur wichtig. Ich plane noch das eine oder andere Projekt, jeden Tag kommen hier Briefe und Faxe an, und die Leute bitten mich um neue Entwürfe. Viel wichtiger als die Architektur ist für mich aber das Leben, sind Freunde und Familie.

Was war denn für Sie der Antrieb, überhaupt Architekt zu werden?
Ich habe immer schon gerne und viel gezeichnet, das scheint mir irgendwie angeboren zu sein. Als Kind habe ich oft Zeichnungen in der Luft gemacht. Da hat mich meine Mutter gefragt, was ich da eigentlich mache. Ich zeichne, habe ich gesagt. In der Schule hatte ich im Kunstunterricht eine Eins, daran kann ich mich noch gut erinnern. Und meine Mutter hat alle meine Zeichnungen aufbewahrt, darüber habe ich mich natürlich gefreut. Eine schöne Erinnerung.

Warum sind Sie dann nicht Künstler geworden, sondern Architekt?
Vielleicht bin ich ja immer noch das zeichnende Kind *(lacht)*. Ich sitze hier an meinem Schreibtisch, ganz allein mit meinem Bleistift und einem Blatt Papier, und zeichne, was mir einfällt. Den Rest machen dann meine Mitarbeiter, die sind ungeheuer fleißig.

Es gibt für Sie keinen Unterschied zwischen Architektur und Kunst?
Doch, doch. Die Architektur ist ja keine losgelöste, keine freie Kunst. In ihr verbindet sich alles mit allem, und das hat mich sehr gereizt. Deshalb sage ich auch den Studenten, die mich besuchen: Auf das Diplom kommt es nicht so sehr an, ihr müsst die Welt kennen, euer Land! Die Architektur ist nichts, solange sie nichts mit diesem Land, der Schönheit, den Problemen zu tun hat.

Wollten Sie denn die Welt mit Ihrer Architektur verändern?
Meine Eltern hatten ein Landgut, und so wuchs ich sehr behütet auf, noch nicht einmal zur Messe fuhren wir hinaus, denn wir hielten sie bei uns zu Hause mit den Nachbarn ab. Als ich dann älter war und die Welt kennenlernte, war ich erschreckt, denn sie erschien mir falsch und verkommen. Verstehen Sie, ich hatte tief in mir drin eine klare Vorstellung davon, wie eine friedliche, gerechte Welt zu sein hatte. Noch bevor ich mich für das Architekturstudium einschrieb, wurde ich Mitglied in der Kommunistischen Partei.

Kurz nach Ihrem Studium begegneten Sie dann Le Corbusier in Rio – was haben Sie von ihm gelernt?
Er war mit dem Zeppelin nach Rio gekommen, um das Bildungsministerium zu entwerfen, und ich durfte ihm ein wenig bei den Zeichnungen helfen. Da hatte ich großes Glück, den Meister kennenlernen zu dürfen, das war ja keine Selbstverständlichkeit. Er hat mich dann auch sehr beeinflusst. Oscar, sagte er mir damals, Architektur ist Imagination, ist Erfindung und Vorstellung. Das prägt mich bis heute. Stilistisch habe ich

mich aber schon mit meinem ersten eigenen Projekt von Corbusier wegbewegt. Seine Architektur war mir zu schwer, er huldigte dem rechten Winkel. Ich wollte eine leichte Architektur mit mehr Kurven erfinden, und die Möglichkeiten des Stahlbetons faszinierten mich sehr. Da kam damals gerade auf, dass man große Spannweiten mit dem Beton überbrücken konnte. Dafür kann ich mich noch immer begeistern.

Wollten Sie sich damals bewusst absetzen von den Europäern, von der Bauhaus-Moderne?
Das war für mich eher eine Frage der Intuition. Für meinen Geschmack bauten die meisten Europäer zu funktionalistisch, so schrecklich monoton und gleichförmig. Wir können uns doch nicht an der Funktion festketten, wir sind nicht ihre Sklaven. Le Corbusier hat einmal gesagt: Das Bauhaus sei das Paradies der Mittelmäßigkeit. Ich wollte es größer, weiter und auf keinen Fall mittelmäßig. Wenn man wollte, könnte man schon sagen: Ich war auf der Suche nach einem anderen Weg.

Woher nahmen Sie den Mut für eine solche eigene Linie?
Corbusier war ja ein Künstler, er dachte an nichts anderes als an Architektur. Das schien mir dann doch nicht genug zu sein, deshalb hat mich schließlich auch jemand anderes viel mehr geprägt, ein Brasilianer und kein Architekt: Es war der Rechtsanwalt Rodrigo Melo Franco de Andrade. Er hat mir beigebracht, dass man die Architektur immer als Teil eines Ganzen sehen muss, und er zeigte mir die Wurzeln der brasilianischen Architektur. Auch lernte ich bei ihm, wie wichtig es auch für einen Architekten ist, sich breit umzutun und viel zu lesen.

Sie meinen, damit die Architektur nicht zum Selbstzweck wird.
Ja, genau, das wäre ja fürchterlich.

Aber was kann Architektur eigentlich bewirken, welche Macht hat sie?
Ich muss Ihnen leider gestehen: Da bin ich Pessimist. Architektur ändert gar nichts. Wenn die Gesellschaft schlecht ist wie etwa hier in Brasilien, dann kann auch der beste Architekt daran nichts ausrichten. Überhaupt habe ich Zweifel, ob sich der Mensch großartig verändern lässt. Das Leben ist doch wie eine große Lotterie, wir werden geboren als Weiße oder Schwarze, Dumme oder Kluge – ein Glücksspiel der Gene. Sehen Sie, der Mensch ist doch wie ein Haus, das man neu anstreichen kann, in dem sich auch Wände verrücken lassen, aber wenn der Urbau schlecht geplant und schlecht ausgeführt ist, dann bleibt er auch schlecht. Da lässt sich kaum etwas machen.

Wenn die Architektur also keinen neuen Menschen prägen kann, was kann sie dann? Geht es dann nur um den richtigen Stil?
Stil hat mich nie interessiert, ich wollte auch nie einen Stil prägen. Ich sehe meine Bauten auch nicht als Modelle, die nun möglichst überall nachgeahmt werden sollten. Ich habe keine Rezepte, keine allgemeingültigen Lösungen. Jeder Architekt sollte so bauen, wie er will. Für mich ist es wichtig, dass ich meiner Intuition treu bleibe, verstehen Sie das? Ich besitze über 30 Bücher, die sich mit meiner Architektur beschäftigen, ich habe sie aber lieber nicht gelesen. Ich will gar nicht wissen, was die von meinen

Bauten halten, Hauptsache ist, dass ich es weiß. Eine ideale Architektur, die von allen akzeptiert wird, gibt es sowieso nicht. Das wäre ja auch wirklich zu langweilig.

Und was setzen Sie gegen diese Langeweile?
Wichtig war für mich immer, dass meinen Bauten etwas Überraschendes innewohnt. Ich wollte etwas erfinden, das es so noch nicht gegeben hatte, etwas, das sich bis dahin noch niemand vorgestellt hatte. Die Häuser sollten die Menschen überwältigen durch ihre Schönheit, sie sollen so schön sein, dass sich alle daran freuen können. Manchmal kann das vielleicht ein Moment des Glücks sein, auch für die Armen.

Für diese Armen haben Sie sich immer wieder eingesetzt, bis heute sind Sie in der Kommunistischen Partei. Warum haben Sie dann trotzdem auch für Diktatoren gebaut, für die »Klassenfeinde«?
Ach hören Sie auf, Architekten bauen nun einmal für Regierungen und auch für reiche Menschen.

Museum für zeitgenössische Kunst, Niterói, Rio de Janeiro, 1999

Zumindest hätten Sie auch für die ärmere Bevölkerung bauen können, etwa um den Zustand der Favelas zu verbessern.
Sie meinen, ich hätte die Armen mit ein paar Almosen abspeisen sollen, mit ein paar Billigbauten, nur um sie ruhigzustellen? Bei solchen Projekten mache ich nicht mit. Innerhalb des kapitalistischen Systems, sei es nun demokratisch oder nicht, lässt sich die soziale Frage ohnehin nicht lösen. Was bleibt mir also als Architekt? Ich kann etwas bauen, an dem sich alle freuen können, ganz gleich, ob sie nun arm oder reich sind. Das ist nicht viel, das stimmt schon. Aber etwas anderes habe ich auch nie behauptet.

Und was ist mit Ihren kommunistischen Idealen?
Die sind mir immer noch wichtig, aber gewiss. Immer noch treffe ich mich jeden Dienstag mit ein paar Freunden, und wir diskutieren über die jüngsten politischen Entwicklungen, hier bei uns im Land, aber auch international. Manchmal organisieren wir auch Proteste oder gehen auf Demonstrationen, wenn uns etwas nicht passt. Wir helfen auch den Leuten, die nichts besitzen, die ausgebeutet werden.

Aber auch Ihre Architektur ist ja durchaus politisch. Immerhin haben Sie mit ihr die nationale Identität, das Image Brasiliens stark mitgeprägt.
Mag schon sein, ja, meine Architektur ist recht speziell. Ich habe sie aber nicht aus dem Nichts heraus erfunden. Es gibt da, würde ich sagen, so ein paar Verbindungen zur Barockzeit und zur Landschaft natürlich. Le Corbusier sagte einmal zu mir: Du hast die Berge von Rio in deinen Augen. Aber es sind mehr als die Berge, es sind auch die Frauen, es ist der Himmel, sind die Wolken, alles, was wichtig ist. Die Kurve hat mich immer fasziniert, ihre Spannung, ihre Freiheit. Ich wollte eine leichtere und freiere Architektur. Sie verstehen schon, ganz voller Enthusiasmus.

Und Brasília, die neue Hauptstadt, wurde dann zum großen Experimentierfeld für diese Freiheit?
Als wir mit Brasília anfingen, konnte ich alles machen, was ich wollte. Es war ein Traum, wenn auch ein recht anstrengender! In nur vier Jahren, so wollte es der Präsident, sollte die Stadt fertig sein, das kann sich heute niemand mehr vorstellen. Damals war das ganze Land erfüllt von Optimismus, von dem Gefühl, dass wir etwas schaffen, was sonst niemand schafft. Die Stadt war für uns eine Utopie. Dort sollte es keine Slums geben wie sonst in den Großstädten, es sollte endlich Gleichheit geben. Die Reichen sollten neben den Armen wohnen, die Minister neben den Arbeitern. Als die Stadt eingeweiht wurde, erwies sich das dann bald als falsche Illusion. So wie zuvor regierten vor allem die Herren des Geldes.

Aber eine Zeit lang hatten Sie an den Neuanfang geglaubt?
Ja, das war der Plan. Und einige Zeit sah es auch so aus, als könnte daraus Wirklichkeit werden. Ich erinnere mich, dass wir mit dem Auto nach Brasília fuhren oder genauer: dorthin, wo Brasília einmal sein sollte. Uns begegneten endlose Autokolonnen, lauter Bauarbeiter, die aus allen Landesteilen herankamen, um mitzubauen. Sie dachten, dass sie in Brasília Arbeit und ein glückliches Leben finden.

Und Sie sollten die ganzen Leute dirigieren?
Ich musste zumindest die Entwürfe so gestalten, dass man sie überhaupt in so kurzer Zeit würde bauen können. Na ja, um das hinzubekommen, entschied ich mich dafür, vor allem die Struktur der Bauten zu betonen. Die Details waren nicht so wichtig, was zählte, war das Tragwerk. Mit der Technik entstand zugleich die Architektur, und wie gesagt, der Stahlbeton ermöglichte es mir, alles anders zu machen, schöner und abwechslungsreicher.

Das heißt, Sie setzen vor allem auf die Form, auf die äußere Erscheinung?
Worauf denn sonst? Sie ahnen ja nicht, wie das war damals. Normalerweise hat man ja ein Programm, wenn man ein neues Gebäude baut und bei einer neuen Hauptstadt natürlich erst recht. Man weiß, wie viele Säle, wie viele Straßen, wie viele Büros man bauen soll. Wir aber wussten gar nichts, es gab kein Programm. Und wir hatten auch nicht die Zeit, uns eines zu erarbeiten. Also haben wir uns die Gebäude der alten Hauptstadt Rio angesehen und haben das dann mit zehn potenziert. Die neue Technik machte es möglich, vor allem der Beton.

Woher kam Ihre Faszination für dieses Material?
Mir ging es immer darum, auch den Fortschritt in der Ingenieurstechnik zu zeigen, und das gelang mir in Brasilien. Als ich wegen der Militärdiktatur nach Europa gehen musste, machte ich bald die Erfahrung, dass es zum Beispiel in Frankreich viel schwieriger war, meine Konstruktionen genehmigt zu bekommen. Die Behörden forderten meist dickere Wände, als ich sie realisieren wollte – in Frankreich forderten sie 1,50 Meter, wo ich sie mit 30 Zentimetern ausführen konnte, wie ich es vorgesehen hatte. In Europa hat man mehr Zweifel, bei uns mehr Wagemut, so kommt's mir vor. Das ist ja auch typisch für ein Land, das so jung ist und das aller Welt zeigen will, was es alles kann. Das war für mich jedenfalls immer wichtig, die Überwindung großer Räume – nicht die Säulen, nicht die Decke, der freie Raum dazwischen war es, der mich faszinierte.

Von dieser Faszination haben sich ja mittlerweile sehr viele Architekten anstecken lassen, Frank Gehry zum Beispiel. Wie gefallen Ihnen seine Bauten?
Doch, die gefallen mir. Aber er baut viel zu aufwendig und mit so teuren Materialien. Das könnten wir uns hier gar nicht leisten. Ich habe immer nach der einfachen, klaren Form gesucht. Wenn man die Architektur nicht in wenigen Strichen zeichnen kann, dann ist irgendetwas falsch. Nur die leicht greifbaren Formen bieten das Charakteristische, das Einzigartige und Einprägsame, das den Städten auf der ganzen Welt immer mehr verloren geht. Alle verlieren sie ihr eigenes, geschlossenes Bild.

Gilt das auch für Brasília?
Ja, auch dort wird immer mehr Uniformes gebaut, vor allem an den Stadträndern. Scheußliche Gebäude sind das, und dann die vielen Autos überall.

Sie mögen Brasília nicht?
Ich mag Rio. In Brasília gehen Sie aus dem Hotel auf die Straße, und dann gehen Sie ganz schnell wieder ins Hotel zurück. Wenn ich Brasília heute noch einmal planen dürfte, dann würde ich den Nationalkongress und den Platz der drei Gewalten noch einmal genauso bauen. Nur gäbe es zusätzlich Apartmenthäuser und Schulen und Läden. Und auf die großen Straßen mit den vielen Autos würde ich verzichten. Man könnte überallhin zu Fuß gehen.

Tatsächlich haben Sie ja für Brasília immer wieder neue Bauten entworfen, ein Museum zum Beispiel, das wie viele andere Ihrer Gebäude an einen Tempel erinnert, an einen Raum der Huldigung. Wenn man Ihre Architektur sieht, könnte man den Eindruck gewinnen, Sie seien ein religiöser, ein gläubiger Mensch.
Ich wäre gerne religiös. Aber der Mensch ist zu kaputt, als dass ich an Gott glauben könnte. Und wissen Sie: Ich glaube an nichts, was Ewigkeit verspricht. Das Leben ist ein Hauch, eine Minute, dann vergeht alles.

Gibt es denn noch etwas, dass Sie sich wünschen für Ihr Leben?
Ich würde gerne aufhören, über Architektur zu sprechen. Ich will lieber über Literatur, über Frauen und die Wissenschaft sprechen. Wenn ich mir etwas wünschen dürfte, dann bitte, dass es allen Menschen gleich gut geht. Dass sie alle glücklich sind. Im Moment kommt mir die Welt furchtbar erstarrt vor. Die Unzufriedenheit ist groß, viele zweifeln an der Zukunft, allein das Geld regiert. Schon deshalb kann es nicht um Architektur gehen. Architektur ist nicht wichtig, wichtig ist die Welt, die wir verändern müssen. Es ist eine Mistwelt.

Kongressgebäude, Brasília, 1957

FREI OTTO

MEINE LEIDENSCHAFT GILT DEM LEICHTEN UND BEWEGLICHEN

Noch immer wollen sie seinen Rat, sie besuchen ihn draußen in den Hügeln vor Stuttgart. Frei Otto, Jahrgang 1925, ist Architekt, doch nicht nur das. Er ist Erfinder, Forscher, Materialkundler, einer der wichtigsten Baumeister des 20. Jahrhunderts. Immer wenn es irgendwo besonders verzwickt wird, wenn zum Beispiel ein Architekt wie Shigeru Ban einen Pavillon aus Papierstreben bauen will, wendet er sich an Frei Otto, den Freigeist. Er empfängt sie gern, in seinem Haus in Leonberg. Halb Labor, halb Bastelstube, so sieht es bei ihm aus, sein Leben lang hat er sich als Grundlagenkundler verstanden und deshalb auch das international viel beachtete Institut für Leichte Flächentragwerke gegründet. In seinem Atelier türmen sich bis heute die Modelle aus Gips und Pappe und Feinstrumpfhosen, damit bastelt er seine fliegenden Dächer und Schirme. In Chemnitz wurde er geboren, lange wollte er Steinmetz oder Bildhauer werden; dann aber entdeckte er das Fliegen, er begeisterte sich für den Rausch der Lüfte, auch im Zweiten Weltkrieg, als er Kampfpilot war. Eine Leidenschaft für das Vorläufige, für eine Architektur der Vergänglichkeit ist ihm ein Leben lang geblieben. Und so sind viele seiner Bauten auch längst wieder verschwunden, etwa sein Pavillon für die Weltausstellung in Montreal 1967. Andere, wie die Dächer für das Olympiastadion in München, haben sich tief ins kollektive Gedächtnis eingegraben.

Herr Otto, sind Sie ein Mensch, der lieber voraus- oder lieber zurückblickt?
Mit dem Blicken ist das bei mir so eine Sache. Wissen Sie, meine Augen sind sehr schlecht geworden, fast bin ich blind. Mehr denn je erfahre ich nun, dass Häuser vor allem im Kopf entstehen, dass man sie als Architekt vor seinem geistigen Auge sehen und innerlich durchwandern muss, bevor sie gebaut werden. Sonst werden das Gebäude, die nur berechnet, die nicht gefühlt sind. Viele Kollegen achten viel zu sehr auf Oberflächen, auf optische Reize, sie vergessen, wie wichtig die inneren Werte eines Baus sind. Auch wenn das etwas merkwürdig klingt: Seitdem ich kaum noch etwas erkennen kann, sehe ich in der Architektur viel klarer.

Was sehen Sie?
Ich sehe, dass es sich lohnt, wenn man altmodisch ist wie ich und an seinen Hoffnungen festhält. Es gibt ja überhaupt keinen Grund für diesen fürchterlichen Trübsinn, den viele blasen. Wir könnten glücklich sein, wir leben in einer Wendezeit. Es gibt kein Stildiktat, dem man sich beugen müsste. Und das bietet gerade den jüngeren Architekten die Freiheit, wirklich das zu tun, was sie tun wollen. Ja, sie sind gezwungen, sich über ihr Wollen klar zu werden. Allerdings ist es eine Klarheit, die sie im Kopf finden müssen, denn im Computer, in den viele gerne glotzen, ist ja nur drin, was irgendjemand reingetan hat.

Erstaunlich viele dieser Jüngeren schätzen Ihre Architektur, Ihre Zeltbauten, vor allem natürlich die schwebenden Dächer des Münchner Olympiastadions. Vielen gelten Sie als Vorbild. Erstaunt Sie das?
Es freut mich natürlich. Die Enkel scheinen sich ihren Großeltern zu nähern, mit Offenheit und Neugier. Manche merken, dass der Computer seine Grenzen hat. Ich hab nichts gegen das Ding, doch meine Erfahrungen mit Materialien und Formen, die ich anfassen kann, haben mich wesentlich weiter gebracht. Einige der Jungen entdecken nun diesen Erfahrungsschatz, meist kommen sie aus dem Ausland angereist, hier in mein abgeschiedenes Atelier. Bei den Deutschen ist der Zuspruch geringer.

Das war ja immer so, dass Sie im Ausland als Weltarchitekt galten und man Sie hier oft als verschrobenen Außenseiter abtat. Verletzt Sie die Missachtung?
Manchmal verletzt sie mich schon. Vor allem in Japan, aber auch in den USA und in England erlebe ich weit mehr Anerkennung. Die Deutschen sind skeptisch, wenn da einer kommt, der etwas Neues erfindet, etwas Ungewohntes. Mit aller Gewalt sucht man nach Tradition, und weil man sich seiner Herkunft nicht gewiss ist, besitzt man nicht die nötige Sicherheit, um sich auf das Experimentelle einzulassen. Deshalb mangelt es auch den deutschen Architekten an Wagemut, selbst den Jüngeren.

Dafür brauchte es wohl eine Gesellschaft, die nach anderer Architektur verlangt. Was sollen Experimente, wenn sie nicht eingebunden sind in ein soziales Projekt?
Da machen Sie es sich zu einfach. Es gibt wahrlich genug ungelöste Aufgaben, und der Architekt könnte Vorschläge unterbreiten. Im Katastrophenschutz etwa ist er wirklich gefragt. Oder schauen Sie sich unsere Städte an; mit dem üblichen Repertoire der Architekten kommen wir da nicht mehr weiter, das ist veraltet. Gerade mit dem Rasternetz

Shigeru Ban mit Frei Otto, Japanischer Pavillon, Expo, Hannover, 2000

der Straßen, das uns die Antike eingebrockt hat, kann man keine lebendigen Städte bauen. Es wäre an der Zeit, etwas Neues zu erproben.

Was würden Sie vorschlagen?
Warum nicht in der Innenstadt wieder Einfamilienhäuser bauen, in größter Dichte? Warum nicht ein städtisches und zugleich grünes Leben ermöglichen? Das könnte doch eine Herausforderung für junge Architekten sein. Doch scheint sich kaum einer dafür zu interessieren. Wer experimentiert denn noch?

Es gibt schon einige Experimente, gerade nach verrückten Bauformen wird viel geforscht. Aber wenn ich Sie recht verstehe, geht es Ihnen eher ums soziale Experiment.
Es geht mir um größere Tiefe. Früher haben wir uns gefragt, was Architektur eigentlich ist. Oder wie wir in Zukunft wohnen werden. Heute wird gefragt, wie Architektur

aussieht. Da könnte ich platzen! Denn um Oberflächen kann es uns nicht gehen. Der Mensch ist doch nicht nur ein Augenwesen, seine Bedürfnisse sind so mannigfaltig und weit. Deshalb darf ein Architekt in seinen Fragen nicht so fürchterlich flach sein.

Statt Designer sollte er Menschenforscher sein?
Warum denn nicht? Ein guter Architekt ist immer Entwicklungshelfer, ein Hausarzt, jemand, der den Menschen nicht ein Gebäude verordnet, sondern ihnen hilft, sich eine passende Unterkunft zu bauen. Die Lust vieler Leute an der Gestaltung, die Bereitschaft, sich auf neue Formen des Selbstbaus einzulassen, die ist ja groß – nur bei Architekten nicht. Viele missachten die Bewohner insgeheim, machen sich lustig über deren vermeintliche Spießigkeit. Dabei könnten sie den Menschen von dem erzählen, was möglich ist. Den wenigsten ist die Vielfalt des Machbaren bekannt, nur deshalb greifen sie zum Altbewährten, zu den Klischees der Fertighausfabrikanten.

Haben die Architekten Angst, sie könnten ihre Hoheit als Gestalter verlieren?
Ist klar, viele bleiben lieber beim Gewohnten. Wäre ja auch unbequem, nach den wirklichen Bedürfnissen zu fragen. Für die Jüngeren bietet diese Lethargie eine Chance. Sie könnten mobile Städte erfinden, Unterkünfte für die modernen Zigeuner, für Diplomaten, für Führungskräfte, für alle, die oft umziehen. Für diese könnten sie Häuser zum Mitnehmen entwickeln oder gut isolierte Zelte. Das mag absurd klingen, aber Sie werden sehen, in 50 Jahren werden Mobilheime selbstverständlich sein.

Ist nicht das Gegenteil wahr? Wächst nicht das Bedürfnis nach festen Wänden, nach unverrückbaren Bauten, gerade weil der Mensch immer flexibler lebt?
Da haben Sie recht, das Bedürfnis nach Halt wächst. Doch frage ich mich, ob man die Mobilität so gestalten kann, dass sie zugleich Heimat ist. Warum sollte man diesen Widerspruch nicht versöhnen können?

Vielleicht weil viele Menschen das Flexible als Bedrohung empfinden und sich nach festen Bahnen sehnen.
Ich will ja auch niemandem vorschreiben, wie und wo er zu leben hat. Ich würde aus meinen Vorlieben nie eine Ideologie machen. Eero Saarinen hat einmal gesagt, dass jede Aufgabe ihre eigene Lösung hat – das gefällt mir. Die Architektur ist eine Urtechnik, wohl die älteste neben der Waffentechnik. Und es gibt kaum eine Erfindung im Bauwesen, die ad acta gelegt wurde. Alles hat seine Berechtigung. Dennoch habe ich natürlich meine Leidenschaft, die dem Leichten und Beweglichen gilt.

Woher rührt diese Leidenschaft?
Das geht wohl auf meine frühen Erfahrungen als Architekt zurück. 1943 hatte ich Abitur gemacht, dann musste ich an die Front und kam später als Kriegsgefangener nach Frankreich, in ein Lager, das mit seinen 40 000 Mann eigentlich eine Stadt war. Da bin ich in die Baugruppe reingerutscht, war dort plötzlich Chef und musste diese mobile Stadt planen, musste Zelte beschaffen, Hallen umrüsten. Material hatten wir praktisch nicht, wir bauten mit fast nichts. Dies Nichts blieb mir erhalten, als ich mich 1952 als Architekt selbstständig machte, wir entwarfen Provisorien. Mir machte das nichts aus,

im Gegenteil. Nach dem Ewigkeitsgeraune der Nazis galt mir das Nichts als Chance für neue Wege. Das Einfache und Vergängliche wurde zu meinem Leitthema.

Verband sich für Sie mit dieser Kunst des Vorläufigen auch eine gesellschaftliche Hoffnung?

Insgeheim verspürte ich die wohl. Ich bin nicht damit hausieren gegangen, aber es war mein Traum, dass sich in den leichten, den flexiblen Bauten auch eine neue, offene Gesellschaft einfinden möge. Das Ewige hat mich nie interessiert, und dass von den 13 Bauten, die ich unter meinem Namen errichten durfte, nun fünf unter Denkmalschutz stehen, ist mir eher unangenehm. Für mich zählte immer der Augenblick, deshalb haben wir zum Beispiel einen Bau gemacht, der nur drei Stunden existierte, für den wir aber ein halbes Jahr lang gearbeitet haben. Das war ein Schutzzelt für das Philharmonische Orchester in Berlin, das bei der Einweihung der Interbau vor dem Schloss Bellevue spielte. Drei wunderbare Stunden, ich war so glücklich, wie ein Architekt nur sein kann.

Deutscher Pavillon für die Weltausstellung in Montreal, 1967

Diese Zuversicht hat Sie ein Leben lang getragen.
Na ja, ein Architekt ohne Zukunftsmut ist kein Architekt. Als Planer hat er immer mit dem zu tun, was noch nicht da ist. Er ist aufgefordert, der Gegenwart etwas hinzuzufügen, eben das Zukünftige. Warum sollte ich auch verzagt sein? Ich war immer fest davon überzeugt, dass uns die Technik, dass uns Forschung und Innovation weiterbringen werden. Und ich habe recht behalten, es geht uns doch ungemein gut. Wir leben wie im Paradies.

Welches Paradies meinen Sie?
Na, schauen Sie sich um. Ein Haus wie dieses entspricht doch dem, was die Bibel überliefert. Wir haben eine Temperatur zwischen 19 und 28 Grad, wir haben immer frisches Wasser, haben Blumen in den Räumen, eigentlich brauchten wir keine Kleidung.

Paradies heißt auch Unschuld. Spricht aus Ihren Bauten diese Sehnsucht, nicht schuldig werden zu wollen?
In meinem Inneren, ja, da gibt es diese Sehnsucht wohl. Das habe ich aber nie so ausgesprochen. Ich bin eben kein Schwärmer, eher ein Forschergeist, der sich für konkrete Lösungen interessiert, für Konstruktionen.

Aber mit Ihren Gefühlen haben Sie doch nie gegeizt. Sie sind bekannt für Ihren Zorn.
Ja, zornig bin ich wohl. Weil Zorn immer ein Ausdruck starken Willens ist.

Brauchen wir mehr Zorn?
Gerade von den Jüngeren würd ich's mir wünschen, mehr Zorn, unbedingt.

I.M. PEI

JA, BILDHAUER WÄRE ICH GERN

Man kann sich leicht täuschen in Ieoh Ming Pei. Ein zarter, stiller Mensch, so bescheiden, dass man ihn fast übersehen könnte. Doch bei all seiner Höflichkeit, der freundlichen Zurückhaltung – Pei wusste immer ziemlich genau, was er wollte, und auf seine beharrliche Art setzte er sich durch. 1917 wurde er geboren, in Guangzhou, China, zog später mit seiner Familie nach Shanghai und war von den Hochhäusern so beeindruckt, dass er beschloss, Architekt zu werden, und zwar dort, wo man die höchsten Häuser baute, in den USA. Er studierte erst am MIT in Boston und dann in Harvard, wo er Assistent des Bauhausgründers Walter Gropius wurde. Kurz nachdem Pei sich selbstständig gemacht hatte, bekam er auch schon einen ersten, bedeutenden Auftrag: Er baute die Kennedy-Bibliothek. Damals fand er bereits zu seiner Architektur der großen, klaren Formen, die ihm viele weitere Projekte einbrachte, die Erweiterung der National Gallery in Washington, den Neubau der Bank of China in Hongkong und schließlich die Erweiterung des Grand Louvre mit der allbekannten Glaspyramide. In Berlin ergänzte er, vom Bundeskanzler Kohl direkt beauftragt, das Deutsche Historische Museum mit einem Neubau, und selbst dort, auf engstem Raum, entfaltete Pei sein Spiel der kraftvollen Körper – das so gar nicht passen will zu seiner stillen Erscheinung.

Wie muss ein Haus sein, damit Sie glücklich damit sind?
Glücklich? Wissen Sie, ich gebe immer mein Bestes, aber zufrieden bin ich nie. Von den rund 60 Häusern, die ich in meinem Leben bauen durfte, bin ich nur mit einer Hand voll wirklich glücklich. Man kann alles immer noch besser machen.

Gilt das auch für Ihre jüngsten Bauten, etwa für den Anbau des Deutschen Historischen Museums in Berlin? Dort missfällt ja manchen der Treppenturm Ihres Museums.
Ja, manche meinen, er sei zu vorwitzig. Doch das soll so sein, er muss einem ins Auge springen. Jeder Architekt hat es gern, wenn sein Gebäude gesehen wird. Aber hier geht es nicht nur um mein Ego, es geht ums Gebäude. Es liegt im Schatten der Neuen Wache von Schinkel, versteckt hinter dem mächtigen Zeughaus von Schlüter, und braucht ein architektonisches Signal. Es ist klein und muss doch große Wirkung erzielen.

Hat es deshalb eine so verschwenderische Treppenhalle? Sie wirkt fast so, als sei sie das Entree zu einer bedeutsamen, riesigen Sammlung.
Was hier gezeigt wird, ist ja auch bedeutend, und die Architektur soll dies betonen. Sie soll die Menschen dazu verführen, sich durch das ganze Haus zu bewegen, voller Neugier und Genuss. Selbst in das höchste, in das vierte Geschoss will ich sie locken, durch immer neue Treppen, neue Über- und Ausblicke. Deshalb ist das, was Sie Verschwendung nennen, in Wahrheit eine List. Die Architektur soll alle Mühen, die ein Museumsbesuch mit sich bringt, vergessen machen.

Für das Spiel der Blicke haben Sie die Halle durch Glasfronten geöffnet. Wäre an diesem Ort, eingeklemmt zwischen Schlüter- und Schinkelbauten, nicht eine Steinfassade angemessener gewesen?
Aber ich ignoriere die Geschichte doch nicht, ich schreibe sie nur weiter.

Sie fühlen sich Schinkel verpflichtet?
Für mich ist er zweifellos der wichtigste deutsche Architekt, wichtiger als Mies van der Rohe.

Das merkt man Ihrem Bau aber nicht an.
Ich bin kein Historist, mir fehlt jedes Talent zum Neoklassizisten. Aber Schinkels Geist folge ich durchaus. Mich beeindruckt zum Beispiel seine Neue Wache. Sie ist klein und kompakt, wurde aus billigen, fast schäbigen Materialien gebaut und wirkt doch ungeheuer eindrucksvoll. Bescheiden im Maßstab, monumental in der Wirkung – dieses Prinzip ist auch meinem Gebäude nicht fremd. Schinkels Fähigkeit, das Intime und Zarte ebenso zu gestalten wie das Absolute, ist beneidenswert.

Dennoch verfallen Sie nicht seinen Formen?
Wir können viel von den damaligen Architekten lernen. Deshalb muss ich aber doch nicht so tun, als lebte ich im Gestern.

Deutsches Historisches Museum, Berlin, 2003

Ist nicht Ihre Architektursprache auch längst historisch? Sie wurde geprägt im 20. Jahrhundert, in jener Zeit der Moderne, die nun passé ist.
Da haben Sie recht. Doch besitzt die Moderne für mich immer noch eine Bedeutung, ich lebe meine Formen. Ich äffe sie nicht nach oder kopiere sie, sondern versuche, sie weiterzuentwickeln. Meinem Gefühl nach gehören sie in unsere Zeit.

Das Bauhaus ist Ihnen also doch näher als Schinkel.
Nein, da täuschen Sie sich. Ich habe zwar bei Walter Gropius studiert, dem einstigen Direktor des Bauhauses, doch war ich kein Jünger wie viele andere. Seine Lehren haben mein Inneres nie geprägt, deshalb habe ich mich nach dem Studium auch Mies van der Rohe zugewandt. Das mag für Sie ganz selbstverständlich klingen, heute macht man das ja auch so, geht vom einen zum anderen. Damals aber war das anders. Wenn Gropius gehört hätte, dass ich zu Mies gehe – er wäre außer sich gewesen. Man musste der einen Lehre treu bleiben.

Besonders treu waren Sie aber nie.
Das stimmt, auch Mies war mir bald über. Und heute ist es eigentlich nur noch Le Corbusier, für den ich mich begeistern kann. Ich habe ihn öfters getroffen und mich mit ihm ausgetauscht.

Was fasziniert Sie an ihm?
Vor allem die Kraft seiner Räume, seine Fähigkeit zur plastischen Gestaltung. Wenn Sie sich dagegen Gropius oder seine Mitstreiter ansehen – bei denen ist alles so streng und oft unbarmherzig glatt. Ihre Bauten sind praktisch, aber spannungslos. Dabei war Gropius sogar noch freier als Mies. Langweiligeres als dessen Gebäude für das Illinois Institute of Technology habe ich nie wieder gesehen. Die bestehen nur aus Konstruktion und sind formal eingefroren. Mich treibt der Wille, den sturen Rastern zu entkommen. Und Corbusier baute befreiter als alle anderen, humanistischer.

Humanistischer?
Ja, seine Gebäude besitzen etwas sehr Persönliches und Lebendiges. Das hat mir auch bei Marcel Breuer so imponiert, den ich wie einen Bruder erlebte. Er konnte mit Architektur unmittelbar und wärmend wirken. In einem Mies-Bau muss man einen Smoking tragen, bei Gropius einen Schlips, bei Breuer aber darf man mit T-Shirt auftauchen.

Und was trägt man in Ihren Bauten?
Ich gebe zu, sie haben nicht Breuers Wärme, dafür sind sie wohl zu monumental. Und das ist ein Fehler. Allerdings war es Breuer, anders als mir, vergönnt, viele Wohnhäuser zu bauen, die ja das humanistische Bauen herausfordern. Ich habe nur ein Wohnhaus errichtet, nämlich meines.

Warum?
Weil ich nur Aufträge für Banken oder Museen bekam. Und weil ich zunächst für einen Immobilienunternehmer gearbeitet habe. Mein Vater, der Banker war, hatte mich dorthin empfohlen, er meinte, es sei eine sichere Sache. Natürlich habe ich viel über die politische und wirtschaftliche Seite des Bauens gelernt. Trotzdem hatte ich das Gefühl, mit einem Feind zu paktieren. Es waren zehn frustrierende Jahre, ich konnte nichts Gutes bauen, nur gigantische Siedlungsprojekte. Und auch Bürotürme oder Museen sind nun mal unpersönlicher als Landhausvillen.

Immerhin heißt es von den Museen, sie seien die Kathedralen unserer Gegenwart.
Das ist doch ein wenig aufgesetzt. Es war aber mein Ziel, auch für die acht Millionen Menschen, die jedes Jahr den Louvre besuchen, eine Architektur zu bauen, die sie berührt. Die sie in Bewegung bringt, vielleicht sogar zu einer Stellungnahme provoziert: »Gefällt dir das hier?« – »Nein, ich hasse es.«

Das klingt nicht danach, als zielten Sie mit Ihrer Architektur auf mystische Erhabenheit.
Es gibt Architekten, die ihre Gebäude spirituell aufladen und den einzelnen Besuchern quasi religiöse Gefühle bescheren. Mir ging es immer stärker um das Gemeinschaftliche. Das, was einem Louis Kahn gelang, das ist mir nie gelungen. Aber das wollte ich auch nicht.

Gläserne Pyramide, Louvre, Paris, 1989

Aber Kahn hat Sie mit seinen mächtigen Bauleibern durchaus beeinflusst, oder?
Ich war sehr beeindruckt von seinem Gebäude in Philadelphia, das als Forschungszentrum zwar nicht funktioniert, aber als Architektur grandios ist. Ich bin damals eigens zu Kahn gefahren, um ihm zu sagen, wie sehr ich diesen Bau schätze. Er meinte nur: Geh nach Schottland und sieh dir die Burgen an. Das hat mich dann noch mehr beeindruckt.

Sie meinen das Wüste und Überzeitliche?
Kein Architekt will, dass seine Bauten nach 25 Jahren abgerissen werden. Er will, dass sie bleiben. Das verlangt schon das Ego. Deshalb muss er eine Architektur entwerfen, die gemocht wird und wichtig ist. Zu wichtig, um wieder zu verschwinden.

Bauen für die Ewigkeit.
Ja. Allerdings habe ich bereits ein Bürogebäude verloren, ausgerechnet Philip Johnson hat es vernichtet. Es war mein erstes, kein besonders gutes. Trotzdem schade drum.

Etwas Bleibendes zu schaffen – haben Sie sich deshalb entschieden, Architekt zu werden?
Ach, damals war ich sehr naiv. Ich hatte einige Jahre in Shanghai verbracht, in den zwanziger Jahren, in denen die Stadt ähnlich rasant wuchs wie heute. Das hat mir imponiert, dass man Häuser mit 23 Stockwerken bauen konnte. Das wollte ich auch und bin zum Studium nach Amerika gegangen.

Mussten Sie China vergessen?
Ja, zumindest spielten die Formen und Stile keine Rolle mehr. Ganz verschwunden ist China für mich aber nie. Ich lebe nun seit 68 Jahren in Amerika und fühle dennoch weiterhin chinesisch. Ist das nicht merkwürdig? Ich legte mir eine neue Haut zu, im Inneren aber war alles schon da. Und immer, wenn ich etwas über China höre, berührt es mich sehr.

Prägt denn Ihre Herkunft Ihre Architektur?
Wenn ich das wüsste. Mal fühle ich mich von den Traditionen der chinesischen Kalligrafie inspiriert, mal von einem Westkünstler wie Anselm Kiefer, den ich für einen der größten Maler halte.

Sind Künstler für Sie Wegweiser?
Auf jeden Fall, sie sind meine Cousins.

Wären Sie selbst gern Künstler?
Ja, Bildhauer wäre ich gern. Ich beneide sie um ihre Freiheit, um ihre Art und Weise, den Raum zu formen. Ihm etwas Jenseitiges mitzugeben.

Es gibt ja Architekten, die sich diese Freiheit nehmen.
Frank Gehry zum Beispiel. Doch bei dem kommt immer erst die Form, und der Raum ist nur ein Beiprodukt. Dabei sollte sich doch beides aufeinander beziehen. Ich bewundere Frank, mir gefallen aber die strengen, klaren Formen besser, auch in der Kunst. Malewitsch zum Beispiel oder Barnett Newman besitzen für mich eine große, prägende Kraft. Alles ist in ihren Werken enthalten, sie holen das Prinzipielle heraus.

Und die Musik? Prägt auch sie Ihre Bauten?
Zum Musiker fehlt mir leider das Talent. Aber meine Mutter war Flötistin, und bis heute höre ich fast ständig Musik, auch bei der Arbeit. Sie füllt und öffnet Räume, sie lebt aus der Bewegung und kennt keinen Zustand, der bleibt. Genauso geht es mir mit guter Architektur. Sie ist nur zu erleben, wenn man sich durch sie hindurchbewegt, wenn man sie als etwas Offenes begreift, zu dem man immer wieder zurückkehrt. Sie kennen sicher die Wallfahrtskirche Vierzehnheiligen von Balthasar Neumann, ein barockes Wunderwerk. Dreimal bin ich da gewesen, in diesem Raum. Ungeheuer wollüstig ist er, sehr erregend. Vierzehnheiligen, das ist für mich Musik.

In Wahrheit sind Sie ein Barockarchitekt.
Nun, die süditalienischen Barockkirchen beeindrucken mich überhaupt nicht, die haben nichts Zartes und Schwingendes. Das ist wie in Rom, in St. Peter, da führt alles auf das eine Ziel zu. Es ist eine Kirche, die *shock and awe* will, sie möchte uns zum Niederknien zwingen. Vierzehnheiligen hingegen steckt voller Geheimnis und überfällt uns nicht. Dort gibt es tausend Wege und Ansichten. Etwas davon habe ich versucht, in meine Bauten zu übertragen, etwa für die National Gallery.

Völlig befreit wirkt die aber nicht.
Nein, ich bin halt ein Quadrat- und Dreieck-Architekt und kein Computerbaumeister. Wo Neumann alles mit Putz und Mörtel hinbiegen konnte, muss ich daran denken, wie sich das Ganze im Industriezeitalter herstellen lässt. Abweichungen sind wichtig, aber sehr teuer. Zumindest dann, wenn man nicht alles mit dem Rechner programmiert. Wäre ich heute jung, hätte ich es leichter.

Macht Ihnen denn das Alter zu schaffen?
Vieles geht langsamer, ich werde schneller müde. Und ich muss aufpassen, dass ich nicht zu viel Blödsinn anstelle. Viele Spätwerke anderer Architekten sind desaströs. Auch deshalb mache ich nicht mehr viel. Und wenn ich einen Auftrag annehme, dann nur, um mich selbst zu verwirklichen. Man muss im Alter sehr selbstsüchtig sein.

Wie meinen Sie das?
Wenn ich etwa in Qatar ein Museum für islamische Kunst baue, dann sage ich mir: Das ist deine Chance, endlich mal etwas über den Islam zu lernen, von Mohammed bis zum Osmanischen Reich. Ich bin zwar alt, aber immer noch gesund und kann weiter suchen. Ich will Dinge aufholen, die mir bislang fehlten. Unsere Zeit schenkt mir dazu alle Möglichkeiten.

War das 20. Jahrhundert ein gutes Jahrhundert für die Architekten?
Für mich war es das. Wann war es einem Architekten je möglich, so viel zu lernen, an so vielen verschiedenen Orten zu bauen? Wann war es einem Chinesen möglich, nach Amerika zu gehen und anschließend Häuser für Europa zu entwerfen? Oder für Asien, wo ich jetzt, am Ende meines Lebens, ein Museum baue, in meiner Heimatstadt. Die fragen schon seit zehn Jahren, ob ich es nicht entwerfen kann. Jetzt wird es wohl Zeit, es zu tun.

Museum für islamische Kunst, Doha, 2008

ROBERT VENTURI & DENISE SCOTT BROWN

DIE LEUTE HABEN EIN RECHT AUF SCHÖNE ARCHITEKTUR

Architekten sehen anders aus. Nicht wie diese beiden, die so wirken, als hätten sie ihr Leben an einer kleinen Universität in Kansas verbracht, vielleicht als Professoren für englische Literatur. Dabei gehören Robert Venturi und Denise Scott Brown zu den streitlustigsten Bautheoretikern der Gegenwart. Ihr Buch »Learning from Las Vegas«, 1977 erstmals erschienen, ist längst ein Klassiker. Auch »Complexity and Contradiction in Architecture« aus dem Jahr 1966 ist immer wieder neu aufgelegt und in viele Sprachen übersetzt worden. Viel gebaut haben sie außerdem, den Sainsbury Wing der National Gallery in London zum Beispiel, mit dem sie versuchten, den Klassizismus in die Gegenwart zu übersetzen. Bis heute betreiben Venturi, Jahrgang 1925, und seine Frau Scott Brown, Jahrgang 1931, ihr Büro in Philadelphia. Spezialisiert sind sie allerdings weniger auf stolze Kulturbauten, vielmehr begeistert sie das Unbedeutende und Alltägliche. Sie verstehen Architektur nicht als etwas Elitäres, sondern wollen möglichst viele Menschen dafür begeistern. Von manchen Kritikern werden sie ob ihrer populären Formensprache als Postmodernisten beschimpft. Das aber stört sie wenig. Sie zucken mit den Schultern, schmunzeln ein wenig. Ganz wie es weise Professoren nun mal tun.

Mrs. Scott Brown, Mr. Venturi – Ihre Bücher gehören zur Standardlektüre aller Architekturstudenten, und von Ihren Forschungen über Las Vegas haben sich viele Ihrer Kollegen inspirieren lassen. Dennoch wird kaum ein anderes Architekturbüro mehr verachtet als das Ihre. Warum?
Robert Venturi: Viele glauben, wir seien Erzfeinde der Moderne. Das ist natürlich Unsinn. Wir lieben Architekten wie Alvar Aalto, und vor der Villa Savoye von Le Corbusier gehen wir auf die Knie. Allerdings erlauben wir uns den Hinweis, dass diese Moderne längst historisch geworden ist, genau wie die Renaissance und der Barock. Es wäre also an der Zeit, nach einer Architektur des 21. Jahrhunderts Ausschau zu halten. Doch das wollen die meisten unserer Kollegen nicht wahrhaben.
Denise Scott Brown: Mir kommt es manchmal so vor, als lebten die russischen Konstruktivisten noch. Diese glaubten, dass nach einer Revolution die Massen schon auf den richtigen, auf ihren Weg einschwenken würden. Ähnlich meinen heute viele Architekten, sie könnten ihren Geschmack der ganzen Welt aufzwingen. Alle sollen an den Vorstellungen der oberen Mittelschicht genesen.

Sie meinen, es gebe eine Art Geschmacksdiktatur? Ist nicht heute die Baukunst vielfältiger denn je?
Scott Brown: Das mag sein, doch was den Massen gefällt, gilt weiterhin als vulgär. Die Architekten haben sich ins Ghetto der gehobenen Ästhetik zurückgezogen. Und sie wehren alles ab, was ihren Gestaltungsvorstellungen, so heterogen sie auch sein mögen, widerspricht. Und dann beklagen sie sich auch noch darüber, dass sie keine große Rolle mehr spielen.
Venturi: Denise hat recht. Es lässt sich nicht leugnen, dass die Idee des International Style weiterhin lebendig ist. Man glaubt an eine Architektur, die überall und für jeden Zweck gleichermaßen geeignet sein soll. Dahinter steht die Vorstellung, dass es nur die eine, die richtige Kultur gibt, die alle Menschen vereinen kann. So wie vor 80 Jahren soll auch heute alles neu und revolutionär sein – an eine evolutionäre Baugeschichte mag man nicht glauben. Dabei hat doch beides seine Berechtigung: Manchmal ist es Zeit für Revolutionen, manchmal muss man auch ganz traditionsbewusst sein können. Anders geht's nicht, wenn man einer multikulturellen Gesellschaft gerecht werden will.
Scott Brown: Architekten sprechen immer vom menschlichen Maß der Architektur, so als ob es nur ein einziges Maß gebe, das menschlich wäre. Ziemlich weltfremd, oder?

Und Sie meinen, es liege an dieser Weltfremdheit, dass sich viele Menschen nicht für Architektur interessieren?
Venturi: Den meisten Menschen ist die moderne Architektur viel zu abstrakt, sie wünschen sich eine alltagsnahe Lebendigkeit. Das ist doch nicht so schwer zu verstehen.
Scott Brown: Gute Architektur muss nicht so abgehoben sein. Sie muss nicht von entrückten Genies ersonnen werden, sie kann auch von guten Handwerkern gestaltet werden und jedermann zugänglich sein.
Venturi: Viele Architekten tun so, als lebten wir immer noch im Industriezeitalter und müssten Bürohäuser bauen, die wie Fabriken aus Stahl und Glas aussehen. Wir hingegen versuchen, die Werbe- und Unterhaltungsbranche als Ideenquelle zu erschließen.

Vanna Venturi House, Chestnut Hill, Philadelphia, 1964

Es erscheint uns nicht mehr zeitgemäß, die Architektur ins Ungegenständliche zu treiben, sie immer weiter zu reduzieren. Das war eine wichtige Entwicklung am Anfang des letzten Jahrhunderts, doch heute muss es darum gehen, die Architektur wieder für Bedeutung aufzuschließen und ihr neue Symbolkraft zu verleihen.

Aber die Klassische Moderne war doch gar nicht so abstrakt. Viele symbolhafte Bauten entstanden damals, denken Sie zum Beispiel an die Dampfermotive eines Erich Mendelsohn.

Venturi: Da stimme ich Ihnen zu. Doch hätte die Avantgarde niemals eingestanden, dass sie an einer Bedeutung baut. Sogar heute noch wird das Symbolische, das Erzählende meist verachtet.

Scott Brown: Manche Architekten bauen zwar Symbole, doch sind es meist nur Symbole, die ihnen selbst und einigen ihrer Kollegen etwas bedeuten. Um solche Formen der Selbstverwirklichung kann es aber nicht gehen, der Architekt ist nicht der Baugott, zu dem ihn das geniebesessene 19. Jahrhundert machen wollte. Vielmehr muss er der Gesellschaft, seinen Bauherren dienen. Was nicht heißt, dass er seinem Auftraggeber hörig sein sollte. Tatsächlich muss er viel offener formulieren, als er es tut. Viel verständlicher müssen seine Bauten darüber Auskunft geben, was sie eigentlich aussagen.

Heißt das auch, dass sich die Architektur um mehr Schönheit bemühen muss?

Venturi: Nein, überhaupt nicht. Viel wichtiger als der Ausdruck und die Form eines Gebäudes ist seine Bedeutung. Wir neigen dazu, dieses Wort nur zu verwenden, wenn wir über Literatur sprechen, doch das ist falsch. Auch die Architektur muss uns wieder etwas sagen wollen, so wie früher die Kirchen, die ja auch nicht stumm dastanden, sondern Bauten von ungeheurer Sprachgewalt waren.

Damals gab es auch noch festgefügte Weltbilder. Auf solche können die Architekten der Gegenwart nicht mehr zurückgreifen.

Scott Brown: Sie könnten zumindest versuchen, eine neue Kohärenz zu entdecken. Und vielleicht gelänge dies auch, wenn sie denn wieder Ornamente zuließen. Wenn wir zurückblicken in die Architekturgeschichte, dann gab es immer Schmuckelemente, die viel über den Bauherrn und die eigene Epoche erzählten. Heute schweigen unsere Bauten meist, sie sind stumm – und werden deshalb nicht geliebt.

Venturi: Viele Architekten sind doch beschwipst von ihrem Glauben an die Ehrlichkeit, an aufrichtige Bauten, die nur das sind, was sie vorgeben zu sein. Dabei gibt es auch ehrliches Ornament, einen Bauschmuck, der ganz bewusst eingesetzt wird, um dem Gebäude eine Bedeutung zu verleihen. Was sollte daran heuchlerisch sein?

Das klingt, als würden Sie für eine launige Postmoderne voller historischer Zitate plädieren.

Scott Brown: Ach, hören Sie auf. Uns ging es nie um Reproduktionen der Geschichte, sondern um Anspielungen, um Verweise. Deshalb begreifen wir die Postmoderne auch als kolossales Missverständnis.

Venturi: Wir träumen von einer multikulturellen Vielfalt, wir wollen der Geschichte frei entgegentreten. Und ebenso der Gegenwart. Darum mögen wir auch die künstliche Unterscheidung von Hoch- und Popkultur nicht besonders. Unsere Vorliebe gilt dem Gewöhnlichen und dem Hässlichen. Und vielleicht ist diese Vorliebe so ansteckend, dass es mittlerweile im Kunstmuseum unserer Heimatstadt Philadelphia Hüte zu kaufen gibt, auf denen *gewöhnlich und hässlich* steht. Für unser Büro ist das so eine Art Motto.

Warum das? Wollen Sie die vielen Hässlichkeiten der Gegenwart in die Zukunft fortschreiben?

Scott Brown: Überhaupt nicht. Es geht uns ja nicht darum, abstoßende Bauten zu entwerfen. Doch kann man vom Gewöhnlichen viel lernen, sehr viel mehr, als wenn man immer nur nach dem Heroischen und Originellen strebt. Wenn alles immer außergewöhnlich wäre, in was für einer verrückten und langweiligen Welt würden wir dann leben?

Venturi: Es gibt ja eine lange Tradition der Kunst, die das Alltägliche beobachtet und daraus Anregungen gewinnt.

Scott Brown: Du meinst die Pop-Art. Von der haben wir tatsächlich viel gelernt. Auch sie begegnet dem Banalen mit Sympathie, brachte Tomatensuppendosen und Comicfiguren in die Museen. Doch hat sie das Gewöhnliche auch verändert, hat dessen Maßstab aufgeblasen und den Kontext ausgetauscht.

Gibt es heute noch Künstler, von denen Sie etwas lernen?

Venturi: Jenny Holzer vielleicht. Allerdings kommen mir ihre Arbeiten doch ein wenig zu korrekt vor, sie haben nichts von der schönen, vitalen Vulgarität der nichtkommerziellen Kunst. Zu rein für uns, denn wir sind ja fürs Unreine.

Scott Brown: Deshalb sind wir ja in den sechziger Jahren nach Las Vegas aufgebrochen: um zu erkunden, welchen Mustern dort die Architektur folgt, wie sie wirkt und verwendet wird. Wir waren begeistert von diesen Bauten, die nicht leisetreterisch sind, die nicht von einer besseren Welt träumen, sondern ganz der Realität und ihren Gesetzen verpflichtet sind. Nicht unbedingt, um sich dieser zu unterwerfen, sondern um sie zu verstehen. Um die Sehnsüchte der Menschen zu begreifen und eine eigene architektonische Antwort darauf zu finden.
Venturi: Ja, das war das eine. Das andere war, dass wir uns durch unseren Ausflug nach Las Vegas wohl auch von den Dogmen der Moderne emanzipieren wollten.
Scott Brown: Auch wollten wir etwas über die automobile Stadt lernen, die sich damals gerade zu entwickeln begann.

Zumindest sind Sie mit Ihren Bauten nicht der Spektakelsucht verfallen.
Venturi: Für uns ist Architektur vor allem eine Kunst im Hintergrund. Dort ist sie gut aufgehoben, sie muss sich nicht immer in den Vordergrund spielen. Doch gibt es auch Ausnahmen, wo sie verrückt und selbstsüchtig sein darf, auf dem Times Square zum Beispiel, mitten in New York.

Ist ein Architekt tatsächlich so souverän, dass er sich aussuchen kann, was er wie und wo gestaltet? Entscheidet nicht der Bauherr über Spektakel oder Zurückhaltung?
Scott Brown: Natürlich sind die Kräfte des Marktes größer als die der Architekten oder Bauherren. Sie bestimmen die Formen der Stadt und oft das Aussehen der Häuser. Kein Architekt kann sich diesen Kräften ganz widersetzen, doch gibt es Möglichkeiten, diese zu umgehen oder für die eigenen Vorstellungen nutzbar zu machen.
Venturi: Ihre Frage zielt auf die Ethik unseres Berufs, und über die wird leider viel zu selten diskutiert. Viele machen es sich einfach und behaupten, ein Architekt könnte und sollte nur die Wellen der Wirklichkeit abreiten. Dabei lässt sich mit Häusern einiges an der Gegenwart verändern. Und zur Not kann sich ein Architekt einem Auftrag ja auch verweigern.

Haben Sie das je gemacht?
Venturi: Ja, das haben wir, aus unterschiedlichen Gründen. Einmal ging es um ein lukratives Projekt im Nahen Osten. Doch die gesellschaftlichen Zustände in dem Land behagten uns nicht, wir wollten mit den Machthabern nicht paktieren.
Scott Brown: Das Problem hat noch andere Dimensionen. Die Architekten reden oft von »der Menschheit« und »den Massen«. Aber diese Begriffe sind viel zu groß. Besser wäre es, sie sähen genauer hin, von wessen Wirklichkeit sie eigentlich sprechen und welche Möglichkeiten diese Wirklichkeit bietet. Die Scheidelinie zwischen Arroganz und Prinzipientreue ist oft nicht klar erkennbar. Wann gehe ich auf die Barrikaden, um für meine Sache zu kämpfen? Wann sollte ich anerkennen, dass die Schönheitsideale je nach sozialer Gruppe stark variieren und deshalb auch die Architektur nicht immer dieselbe sein kann?

Wenn Sie solche Kämpfe mit sich selbst und Ihren Bauherren führen – worum ringen Sie eigentlich? Anders gefragt: Wäre unsere Welt wirklich schlechter, wenn es nur schlechte Architekten gäbe?
Scott Brown: Ich kann es nicht abstreiten: Man kann auch in schrecklicher Architektur ein gutes Leben führen. Gern wird ja behauptet, erst bauen wir die Häuser, dann bauen die Häuser uns. Doch das ist, fürchte ich, nur ein Märchen. Natürlich kann ein schönes Gebäude einen Menschen erfreuen und seine Sinne beleben, oft kann es auch das Leben vereinfachen. Doch macht uns die Architektur nicht zu besseren Menschen.
Venturi: Das muss sie aber auch gar nicht, wer verlangt das denn? Die Leute haben ein Recht auf schöne Architektur. Nicht aus moralischen Gründen, sondern weil es ein Vergnügen sein kann, diese zu betrachten und in ihr zu leben. Und dieses Vergnügen sollte jedem vergönnt sein.

Seattle Art Museum, 2005

PETER ZUMTHOR

EIN WUNSCHBERUF VON MIR WÄRE AUCH KOMPONIST

Ein schwüler Nachmittag im August, der Himmel verhangen. Wir sitzen im Gartenzimmer, die Türen weit geöffnet, kein Lüftchen will sich rühren. Immer dunkler wird es, ein Gewitter zieht auf. Und fast scheint Peter Zumthor in der Dunkelheit zu verschwinden, nur die Zigarre glimmt. Mitten auf dem Land lebt er, in dem Ort Haldenstein, wo er sich ein Holzhaus gebaut hat, so schnörkellos wie alles, was er entwirft. Ursprünglich wollte er, 1943 geboren, Schreiner werden wie sein Vater, bei dem ging er auch in die Lehre. Dann arbeitete er lange als Denkmalpfleger, schließlich eröffnete er 1979 ein eigenes Architekturbüro. Seine meisten Bauten liegen in der Schweiz, seine Therme in Vals zum Beispiel. Doch spätestens mit seinen Entwürfen für das Kunsthaus in Bregenz und das Kolumba-Museum in Köln machte er sich auch international einen Namen; legendär ist zudem der Streit um die Gedenkstätte »Topographie des Terrors« in Berlin. Zumthors Gewissenhaftigkeit, auch seine kantige Art werden gerühmt und gefürchtet, wo immer er antritt. Auch als wir miteinander sprechen, grummelt er erst, nur zögerlich beginnt er von sich zu erzählen. Dann aber entwickelt sich ein intensives Gespräch. Und ohne dass wir es recht bemerken, beginnt es draußen zu regnen.

Als ich die vielen Zeitungsartikel der letzten Jahre über Sie las, bekam ich es ein wenig mit der Angst zu tun. Als Mönch werden Sie da bezeichnet, als Apostel, Schamane, Mystiker und Guru. Sind Sie eine Lichtgestalt, Herr Zumthor?
Ach, wissen Sie, täglich laufen hier Anfragen von Studenten, Hochschulen, Magazinen und möglichen Bauherren ein, und weil ich vieles ablehne, um in Ruhe arbeiten zu können, bildet sich so etwas wie eine Legende. Manche Leute scheinen zu glauben, ich sei ein alpiner Einsiedler, der bei Wasser und Brot, im Zölibat und ohne Fernsehen seine Entwürfe zeichne. Was soll ich gegen solche Mythisierungen tun? Ich kann da nur verwundert zuschauen.

Irgendeinen Grund muss die Begeisterung doch haben.
Ich tue Dinge, von denen alle Architekten träumen. Sie werden an der Hochschule als Baukünstler ausgebildet, in der Praxis aber sind sie nur Dienstleister, sie arbeiten wie Hausmeister oder Heizungsinstallateure. Dagegen leiste ich Widerstand, denn ich baue nur, was ich bauen will. Deshalb würde ich – anders als viele Kollegen – die Schuld an einem schlechten Gebäude nie auf den Bauherrn oder das Baugesetz schieben. Denn bevor ich mich vergewaltigen lasse, sag ich lieber nein. Alle Fehler, die Sie an meinen Bauten sehen, gehen auf meine Kappe. Da gibt's keine Ausreden.

Ist das der Grund dafür, dass manche Sie auch als kompromisslosen Streiter fürchten? In Berlin hat man Ihnen ja sogar den Auftrag entzogen, obwohl die »Topographie des Terrors«, ein Museum zur NS-Geschichte, schon zur Hälfte stand. Man warf Ihnen vor, Sie würden die Kosten überziehen.
Ich hatte aber nicht falsch gerechnet. Viele Leute von der Bauverwaltung hatten mir gesagt, man müsse erst einmal mit dem Bauen anfangen, das fehlende Geld würde dann später schon genehmigt werden. Ich war naiv, das gebe ich zu.

Was wäre denn das Besondere dieses Baus gewesen?
Dem Laien würde ich sagen: Dieses Haus soll so gebaut sein, wie du noch keines gesehen hast. Ein einmaliges Haus für einen einmaligen Ort. Es sollte nichts symbolisieren, nichts veranschaulichen, deshalb der Rückzug auf die reine Konstruktion, nicht auf eine Form. Es war der Versuch einer Setzung. Wenn man ein Gebäude macht, das alle historischen Typologien vermeidet, dann haben Sie eine Art semantisches Vakuum geschaffen. Der Bau ist dann nur noch Symbol für sich selbst, Symbol für den Ort, an dem er steht.

Trotz des Vakuums hätte Ihr Gebäude gleichwohl ein Zeichen gesetzt und in einer gewissen Weise die Verbrechen der Nazizeit auch ästhetisiert.
Sie können nicht vermeiden, dass ein starkes Gebäude auch eine geistige, metaphysische oder semantische Ausstrahlung hat. Es sollte aber nicht zu einem drohenden Symbol erstarren, sondern schön wirken, leicht und heiter.

Wie bitte? Schön und heiter?
Ja, sicherlich. Man kann dem Schrecklichen nicht mit Schrecken begegnen. Wir brauchen keine düsteren Erlebnisarchitekturen, um uns zu erinnern, um zu verstehen, um zu staunen. In dem Stelenfeld von Eisenman, in diesem gewaltigen Monument, steckt

Kunsthaus Bregenz, 1997

für mich schon wieder der Beginn einer neuen Katastrophe drin. Mir kommt dieses Mahnmal ungeheuer rigide vor, es will die Menschen disziplinieren. Selbst in der Erinnerung gibt man sich noch militärisch.

Und Ihr Gebäude hätte Frieden gestiftet?
Ein Gebäude an einem Tatort des Erinnerns muss ruhig und gelassen sein, um Erinnerung und Einfühlung zu ermöglichen. Es muss das didaktisch aufbereitete Phänomen Holocaust durchbrechen, muss den medialen Zauber hinter sich lassen.

Viele Ihrer Bauten verkörpern das Intakte und Geschlossene. Sie sollen Wunden heilen, haben Sie einmal gesagt.
Aber in Berlin wollte ich die Wunde offen halten. Deshalb wollte ich nichts bauen, was schnell verständlich, schnell abzuhaken gewesen wäre.

Gilt das nicht für fast alle Ihrer Bauten?
Wenn ich eine neue Bauaufgabe habe, einen neuen Ort, dann gehe ich hin, sehe mich um und beginne im Kopf mögliche Anatomien mit möglichen Materialien einzusetzen. Und ich schaue, welche Energien da zu fließen beginnen.

Fließende Energien?
Beim Entwerfen, beim Arbeiten folge ich vor allem meiner Lust. Es ist ein Vorgang von großer Naivität, bei dem jeder mitreden kann, egal, wie viel Ahnung er von der Architektur hat. Wichtig ist nur, dass man sich die Dinge als Bild vorstellen kann. Leider können sich ja 80 Prozent der Architekten die Dinge nicht räumlich vorstellen, für diese ist

Architektur nur eine Grafik auf Papier, und sie übersetzen diese nicht in eine Vorstellung von dem, was einmal sein wird.

Sie gehen also vor wie ein Schriftsteller?
Ich horche in mich hinein, sehe nach, auf welche Erfahrungen ich mich berufen kann, um eine neue Bauaufgabe anzugehen. Auch erlebe ich oft, dass sich das Buch, wie es die Literaten sagen, von allein schreibt. Man beginnt und muss dann loslassen, um zu erkennen, wo einen der Stoff hinführt. Verwunderlich finde ich es schon, wie manchmal in mir die Bilder aufsteigen, wie im Kino ist das manchmal. In solchen Momenten, wo ich nicht kontrolliere, entsteht die Substanz der Entwürfe. Aber auch im Fortgang des Entwurfs kommt es vor, dass ich beim Aufwachen mich plötzlich irgendwo im Gebäude wiederfinde und denke, das stimmt doch nicht mit dieser Wand oder dieser Tür. Dafür muss ich gar nichts tun, das kommt einfach.

Hört sich an, als würden Sie Häuser eher komponieren denn konstruieren. Könnte man Ihre Architektur in Musik übersetzen?
Möglich, dass sie wie Luigi Nono klingen würde. Oder wie Aaron Copland. Vielleicht auch wie Heinz Holliger. Vor allem spüre ich Ähnlichkeiten zu zeitgenössischen Kompositionen, die man so hören muss, wie man ein Bild betrachtet, die also mit Dichte, Raum, Bewegung, Klangfarbe arbeiten. Ein Wunschberuf von mir wäre auch Komponist. Vielleicht in meinem nächsten Leben.

Für welche Instrumente würden Sie denn gerne ein Musikstück schreiben?
Von Luciano Berio gibt es eine Sammlung von Stücken, wo er für jedes einzelne Instrument ein Solostück geschrieben hat mit dem Anspruch, die eigentliche Qualität dieses Instruments aufklingen zu lassen. Das gefällt mir natürlich sehr gut, weil ich meine Materialien auch so klingen lassen möchte. Ich würde also wohl auch eine Oboe das spielen lassen, was nur die Oboe spielen kann. Was dann wirklich Oboe ist.

Wenn Sie sich so für die Musik begeistern, warum sind Sie dann dennoch Architekt?
Das Schöne an der Architektur ist ja, dass Sie immer für einen Gebrauch bauen, an dem Sie die Ideen messen können. Sie können fragen: Ist das jetzt schön, hier morgens um neun in der Badewanne zu sitzen und mich auszuruhen? Oder stört mich irgendetwas, stimmt vielleicht das Licht nicht, schlage ich meinen Ellenbogen an? An der Funktion können Sie kontrollieren, ob die Dinge zu ihrem Recht kommen. Und das ist dann schließlich das Wichtigste.

Ihre Ideenskizzen sind also weich und diffus. Warum sind dann Ihre Gebäude so streng-abstrakt?
Die Formen sind zwar hart und geometrisch, die Stimmung aber müsste weich sein. Als Objekte haben die Gebäude, bevor sie in die Zeit eingewachsen sind, häufig etwas Hartes, auch etwas Selbstbewusstes und Stolzes. Es sind eher Solitäre, sie stiften Präsenz am Ort, sind oft eine Liebeserklärung an die Landschaft. Im Inneren hingegen haben meine Bauten etwas Warmes. Drinnen und draußen ist bei mir nicht eines. Man ist nie ausgesetzt, sondern hat die Wand im Rücken.

Dann ist Architektur für Sie eher etwas Mütterliches, nichts Väterliches?
Immer etwas Mütterliches. Immer etwas Bergendes, nie belehrend, eher aufnehmend und ermöglichend.

Stellen Sie sich damit gegen die Klassische Moderne, die das Offene und Immaterielle erträumte?
Die Idee des Offenen, die Vorstellung, dass sich alles mit allem verbindet, die fasziniert mich natürlich auch. Wenn ich aber sehe, was hervorragende Kollegen wie Rem Koolhaas aus diesen Ideen machen, dann denke ich, die Ideen waren mir lieber. Seine Gebäude sind nicht gut gemacht, da kann ich kaum in die Ecken schauen. Mich ärgert es, wenn ich sehe, wie schlecht solche Bauten altern, wie schlecht die verarbeitet sind. Vor allem aber stört mich an diesen Häusern die Repräsentation, ich mag es nicht, wenn Architektur die Leute vorführt oder sie dazu ermuntert, sich selbst vorzuführen.

Was setzen Sie dagegen?
Meine Vorstellung von Architektur ist immer sehr körperhaft, ich mag Materialien, die tragen, halten, tönen. Vor einigen Wochen hörte ich im Radio, wie Andreas Staier, einer der besten Hammerklavierspieler der Welt, gefragt wurde, warum er denn gerne Schubert spiele. Bei Schubert, antwortete er, gibt es kaum Repräsentation und immer diese Intimität. Da dachte ich, aha, es gibt noch andere, die so denken wie ich. Natürlich braucht es die Repräsentation ab und zu, sie ist auch ein legitimes städtebauliches Mittel, doch meine Passion gilt der Intimität. Und das heißt für mich Direktheit.

Aber doch auch Rückzug. Ihr Museum in Bregenz etwa verschließt sich hinter Mattglasscheiben, der Ausblick auf den Bodensee ist den Besuchern nicht vergönnt. Warum so introvertiert?
So stelle ich mir ein Museum vor. Ich glaube an die spirituellen Werte in der Kunst und habe selbst erfahren, dass Kunstwerke die Transzendenz befördern können. Sie lassen uns ahnen, dass wir in ein Größeres eingebettet sind, welches wir nicht verstehen. Mich fasziniert dieses Nichtrationale, das Geistige, das Spirituelle, wie es wohl am besten in der frühen deutschen Romantik aufscheint, bei Novalis oder Caspar David Friedrich.

Auch bei Heidegger?
Ich kenne nur wenig von ihm, aber wenn ich seine Texte lese, in denen sich die Begriffe überschlagen, dann spüre ich schon, wonach er suchte. Seine Sehnsucht nach dem Ursprünglichen, nach dem Aufgehobensein, dem Behaustsein, die kann ich nachvollziehen.

Ihre Häuser sind Widerstandsbauten?
Ja, sie leisten Widerstand gegen die zunehmende Arbeitsteilung beim Bauen. Ich will nicht nur Designer sein oder im besten Falle ein Philosoph, und deshalb künden meine Bauten auch davon, dass es nicht nur Bilder und Ideen sind, die unsere Welt bestimmen. Es gibt auch immer noch die Dinge, und diese haben einen Wert an sich.

Thermalbad, Vals, 1996

Kolumba-Museum, Köln, 2007

Ein solches Verlangen nach Halt und Dauer verspüren ja viele Menschen, und nicht selten fordern sie deshalb eine historistische Architektur, die aussieht, als hätte es sie schon immer gegeben. Ihre Bauten widersetzen sich solcher Nostalgie. Warum?
Es gab doch immer beides: das Bedürfnis, sich neu zu formulieren, ebenso wie das Bedürfnis, sich in eine Tradition hineinzubegeben. Und daran stört mich nichts, ich übernehme auch immer Dinge, die es schon gab. Dennoch ist es mir eine Freude, ein Stolz, wenn ich sagen kann: Ich habe nichts kopiert, sondern Eigenes geschaffen.

Sie haben jetzt viel über Ihr Erleben gesprochen, viel auch über Ihre Gefühle. Spielt das Thema Gesellschaft für Sie keine Rolle?
Von dem überladenen Anspruch, dass die Architektur die Welt erlösen müsse, habe ich mich zumindest verabschiedet. Die Beiträge, die ein Gebäude bringen kann, sind doch sehr bescheiden.

Spricht so ein bekehrter 68er?
Ich war tatsächlich ein 68er, ein eher unaufgeregter, und bin erst Denkmalpfleger geworden, weil der Architektenberuf als politisch anrüchig galt. Von heute aus gesehen, kommt mir die ganze Bewegung kulturell ziemlich sektiererisch vor. Durch die Zuwendung zum Politischen, Sozialen und Ökonomischen versuchten die Künstler an Bedeutung zu gewinnen. Immer nur irgendwelchen Theorien nachspringend, ging der ästhetische Gegenstand verloren, Gestaltung galt nichts mehr. Und so war ich nie so entfremdet wie damals.

Heute haben Sie diese Entfremdung überwunden?
Heute überlege ich mir sehr genau, was ich tue und was nicht. Für Hugo Boss die dritte oder vierte Villa, für Armani einen Laufsteg oder für Ian Schrager ein Hotel in New York zu bauen, das scheint mir nicht sinnvoll zu sein, deshalb habe ich diese Anfragen abgelehnt. Da geht es doch häufig ohnehin nur um Kommerz, um die Produktion von Images und um Werbung. Hingegen planen wir jetzt hier gleich im Nachbartal ein Holzhaus für eine Familie mit sechs Kindern, wo unser Büro bislang schon 60 000 Franken draufgelegt hat. Für eine Bauernfamilie in der Eifel ist eine Kapelle entstanden, auch das machen wir praktisch gratis, nur die Unkosten werden bezahlt. Also, ich schaue mir schon an, was ich mache und was nicht.

Es gibt aber doch Architekten, die mehr als nur das einzelne Haus in den Blick nehmen und sich auch mit großen gesellschaftlichen Umwälzungen befassen. Weshalb Sie nicht?
Ja, ich weiß, Rem Koolhaas zum Beispiel. Der umarmt die Gegenwartskultur, und das beeindruckt mich schon: wie er nicht mehr gegensteuern, nicht mehr den besseren Menschen erfinden will, sondern akzeptiert, was ist. Auch ich möchte niemanden am Gängelband führen.

Aber worin besteht dann noch Ihr Einfluss? Stört es Sie nicht, dass 98 Prozent aller Einfamilienhäuser von Fertighausfirmen gebaut werden – und die Architekten einfach nur zusehen?
Das stört mich nicht, nicht mehr. Diese Jammerei hat doch keinen Wert. Ich beschränke mich lieber auf einzelne Setzungen, hoffe aber schon, dass diese ein wenig wirken, vielleicht so wie die Nadelstiche eines Akupunkteurs. Außerdem mache ich manches einfach nicht mit. Ich habe ein Büro mit 14 Leuten und nicht mit 40 oder 140 – und das wird auch immer so bleiben, weil ich so arbeiten will, wie ich will. Weil ich in jedem Haus jede Türklinke kennen möchte. Ich bin nicht wie der Behnisch, der mir vor zehn Jahren gesagt hat, dass er bei der Ausführung seiner Entwürfe nur noch das Dach und die Fassade anschaut und der Rest von seinen talentierten jungen Architekten erledigt wird. Das ist eine Haltung, die respektiere ich, so arbeiten ja die meisten meiner Kollegen. Ich aber nicht.

Das hört sich für mich so an, als bauten Sie Ihre Häuser auch immer für sich selbst.
Für mich beginnt alles mit Räumen und Objekten, die ich liebe. Und ich kann nur machen, was ich liebe. Deswegen steckt in meinen Bauten auch nichts Missionarisches, sondern eher noch der kleine Junge, der macht, was ihm gefällt – und der hofft, dass die Leute das gut finden. Und dass sie mich ein wenig streicheln und sagen, das hast du jetzt gut gemacht. So einfach ist das.

Und wann ist ein gutes Haus gut?
Für die Leute, die eines meiner Häuser gebrauchen, kann es ein unglaublicher Quell der Freude sein. Das Wohnhaus meiner Großmutter, das war so.

Stammte das von einem Architekten?
Nein, das war ein Bauernhaus.

Braucht man keine Architekten für gute Architektur?
Mir ist völlig egal, wer das macht, es muss einfach gemacht werden. Und ich trete den Beweis dafür an, dass es immer noch geht. Dass immer noch Häuser gebaut werden können, an die man sich gerne erinnert.

Ist Melancholie Ihre größte Leidenschaft?
Im Zusammenhang mit Intimität und Heiterkeit – ja, kann sein.

Nachwort

Es steckte kein Plan dahinter, es war keine Absicht. Doch wenn man heute die Gespräche noch einmal liest, die im Laufe der Jahre in der ZEIT erschienen sind, kann es einem leicht so vorkommen, als unterhielten sich die befragten Architekten nicht nur mit mir, dem Interviewer, sondern auch untereinander. Es ist, als führten sie eine Debatte über die Grundwerte der Architektur. Seit 1998 arbeite ich als Kritiker bei der ZEIT, und oft, wenn ein wichtiges Gebäude, eine große Ausstellung eröffnet wurde, traf ich mich mit den Architekten, manchmal verabredeten wir uns auch zum Interview. Es waren Gespräche aus aktuellem Anlass, und doch sind sie nicht veraltet, sie haben, so mein Eindruck, ihre Lebendigkeit bis heute bewahrt. Als die Architekten für dieses Buch ihre Antworten noch einmal gegenlasen, mussten sie so gut wie nichts aktualisieren. Die Gespräche, das zeigte sich, verhandeln das große Warum und Wohin, lauter Fragen, die selbst in Zeiten radikalen Wandels ihre Bedeutung nicht einbüßen. Im Gegenteil, die Fragen werden drängender.

All den Architekten, die sich auf das Nachdenken und Reflektieren einlassen mochten, die sich Zeit und Muße nahmen für die Auseinandersetzung, möchte ich herzlich danken. Ein ebenso großer Dank all jenen, die im Hintergrund an diesem Buch mitgewirkt haben, Katharina Haderer, Curt Holtz, meinen Kollegen, meinen Eltern und meiner Frau.

Hamburg, im August 2008

Bildnachweis

Iwan Baan: S. 7, 13, 102
Cecil Balmond: S. 20, 24
Behnisch Architekten: S. 28
Fabrizio Bergamo: S. 80
Petr Berka: S. 64
Marcus Bredt/gmp: S. 68
Buchheim Museum: S. 32
Wilfried Dechau/gmp: S. 66 links
Steve Double: S. 78
Todd Eberle: S. 58; Todd Eberle/Herzog & de Meuron: S. 82
Gerry Ebner: S. 150
Rollin La France/VSBA: S. 146
Foster + Partners: S. 52
Klaus Frahm/gmp: S. 73
Franz Marc Frei: S. 140
Christian Gahl/gmp: S. 70
Dominik Gigler: S. 96
Dennis Gilbert/VIEW: S. 27
gmp: S. 66 rechts
Florian Göcklhofer: S. 152
Jeff Goldberg/Esto: S. 43
Thomas Graham/Arup: S. 18
Roland Halbe/Artur: S. 132
Franz Hanswijk/VSBA: S. 144
Christian Heeb: S. 9, 92
Jürgen Hohmuth: S. 39
Jaro Hollan: S. 8
Werner Huthmacher: S. 74
Ingenhoven Architekten: S. 134
"Introduction to Saadiyat Island Cultural District", Abu Dhabi, 2008: S. 10
Christian Kandzia: S. 136
Rainer Kiedrowski: S. 30
Studio Daniel Libeskind: S. 108
Heiner Leiska/gmp: S. 71
Greg Lynn: S. 116, 119
Thomas Mayer: S. 63
Norman McGrath: S. 95
Rudi Meisel: S. 46
Museum of Islamic Art, Doha: S. 143
Stefan Müller: S. 110, 113, 115
Cathleen Naundorf: S. 129
Office for Metropolitan Architecture: S. 99
Prada: S. 86
Eckhard Ribbeck: S. 122
Christian Richters: S. 76, 155
Ulrich Schwarz: S. 138
Katsumasa Tanaka: S. 44
Ted Thai/Getty Images: S. 90
Matt Vargo/VSBA: S. 149
Elke Wetig: S. 156
Nigel Young/Foster + Partners: S. 55, 57